U0791963

水利水电建筑工程高水平专业群工作手册式系列教材

# 安全技术与管理实训

主　编　刘冉冉　李　建　袁巧丽

中国水利水电出版社
www.waterpub.com.cn
·北京·

## 内 容 提 要

本书为《建设工程安全技术与管理》（吕桂军、温国利主编）的配套实训教材，可配套水利水电建筑工程专业群安全体验中心使用。本书根据建筑行业生产过程中发生的安全事故案例的具体分析与处理及典型工作任务进行编写，使学习者具备安全技术与管理各方面的技能。

本书共计5个工作任务，共需40课时，包含触电事故、高处坠落事故、施工现场消防事故、机械伤害事故、PPE个人防护用品等内容。

本书为专职安全生产管理人员专业技能实训教材，也可供工程领域其他相关从业者和社会人士学习。

**图书在版编目（CIP）数据**

安全技术与管理实训 / 刘冉冉，李建，袁巧丽主编
. -- 北京 : 中国水利水电出版社，2022.5
水利水电建筑工程高水平专业群工作手册式系列教材
ISBN 978-7-5226-0741-2

Ⅰ. ①安… Ⅱ. ①刘… ②李… ③袁… Ⅲ. ①水利水电工程—安全管理—教材 Ⅳ. ①TV513

中国版本图书馆CIP数据核字(2022)第093695号

| | |
|---|---|
| 书　　名 | 水利水电建筑工程高水平专业群工作手册式系列教材<br>**安全技术与管理实训**<br>ANQUAN JISHU YU GUANLI SHIXUN |
| 作　　者 | 主编　刘冉冉　李　建　袁巧丽 |
| 出版发行 | 中国水利水电出版社<br>（北京市海淀区玉渊潭南路1号D座　100038）<br>网址：www.waterpub.com.cn<br>E-mail：sales@mwr.gov.cn<br>电话：（010）68545888（营销中心） |
| 经　　售 | 北京科水图书销售有限公司<br>电话：（010）68545874、63202643<br>全国各地新华书店和相关出版物销售网点 |
| 排　　版 | 中国水利水电出版社微机排版中心 |
| 印　　刷 | 北京印匠彩色印刷有限公司 |
| 规　　格 | 184mm×260mm　16开本　4.25印张　103千字 |
| 版　　次 | 2022年5月第1版　2022年5月第1次印刷 |
| 印　　数 | 0001—2000册 |
| 定　　价 | **18.00**元 |

凡购买我社图书，如有缺页、倒页、脱页的，本社营销中心负责调换

**版权所有·侵权必究**

# 前 言

安全生产是关系人民群众生命财产安全的大事，是经济社会协调健康发展的标志，是党和政府对人民利益高度负责的要求。习近平总书记专门对安全生产作出重要指示，强调生命重于泰山，要求层层压实责任，狠抓整改落实，强化风险防控，从根本上消除事故隐患，有效遏制重特大事故发生。生命重于泰山，人民的生命安全高于一切。这表明了我们党以人民为中心的发展思想，生动诠释了人民至上、生命至上的价值理念，充分彰显了中国共产党人的初心使命，集中体现了人民领袖的强烈责任担当。

党的十八大以来，安全生产法治建设明显加快。修改安全生产法、消防法，制定生产安全事故应急条例。一批法律法规修订完善，为安全生产工作提供了有力的法治保障。

安全生产领域一批重量级的制度相继出台。2016 年 10 月 11 日，习近平总书记主持召开中央全面深化改革领导小组第 28 次会议审议通过了《中共中央 国务院关于推进安全生产领域改革发展的意见》，这是新中国成立以来第一个以党中央、国务院名义出台的安全生产工作纲领性文件。之后，中共中央办公厅、国务院办公厅相继印发了推进城市安全发展、地方党政领导干部安全生产责任制规定、全面加强危险化学品安全生产工作等重要制度性文件。

安全生产基础进一步夯实。近年来，各地区持续整顿关闭了一大批不符合安全生产条件的小矿小厂，不断加大安全投入，强化安全科技支撑，实施安全技能素质提升工程，深化重点行业领域隐患排查治理。

数字也许枯燥，但最具说服力。近年来，我国安全生产事故死亡人数从历史最高峰的 2002 年死亡 14 万人，降至 2020 年的 2.71 万人，下降 80.6%；全国事故起数和死亡人数连续 18 年实现“双下降”；重特大事故起数从最多时的 2001 年一年发生 140 起下降到 2020 年的 16 起，下降 88.6%。

安全教育和科学研究对于安全生产工作的全面开展起着举足轻重的作用，它们是构建安全科学大厦的重要支柱，是培养安全人才、保障安全生产的根本途径和方法。为提高安全从业人员的实践能力，我们编写了《建设工程安全技术与管理》（吕桂军、温国利主编）的配套实训教材。教材可配套水利水电建筑工程专业群安全体验中心使用。教材根据建筑行业生产过程中发生的安全事故案例的具体分析与处理及典型工作任务进行编写，体现了科学性、实用性、实践性、针对性、创新性的特点，使学习者具备安全技术与管理各方面的技能。

本书由黄河水利职业技术学院承担编写工作，刘冉冉、李建、袁巧丽担任主编。编写人员及分工如下：刘冉冉（工作任务一～三）；李建（工作任务四）；袁巧丽（工作任务五）。教材编写过程中得到了多位行业专家的热情帮助与指导，在此一并表示感谢。

编写过程中查阅了大量资料，但限于编者水平，书中难免存在错误和不足之处，敬请广大读者和同仁批评、指正。

**编者**

2022 年 5 月

# 目 录

# 工作任务一　触电事故

建设工程施工现场临时用电安全管理中经常存在很多安全隐患，比如员工宿舍、办公区、施工现场电源线“私拉乱扯”；电源配电箱、开关箱布设未按规范、不上锁、标识信息不全；电源线用铁丝绑扎；电源线随意放在地上没有任何防护措施等。同时，由于电无色无形无味的特性，给管理带来一定难度。因此，施工现场触电事故层出不穷，不但会造成重大的人员伤亡，还会造成严重的经济损失。

**案例一：**2020 年 8 月某天，河南省某市的一个住宅项目的施工工地现场，发生了一起比较严重的触电伤害事故，造成了人员伤亡和经济损失。

事故的具体经过如下：施工单位电工王某无证上岗，项目经理和不少施工人员知道该情况，但是无人提出意见和整改措施。施工现场的开关箱里的电加热设备开关上的一根火线接头从接线柱上松脱，带电线头搭接在开关箱箱门上。同时，因为开关箱的金属外壳未采取接地保护，造成开关箱金属外壳带电。经过开关箱的工人李某，左手无意中触碰到开关箱的边框，发生了触电事故。李某当即倒地昏迷，旁边的张某看见李某倒地，立刻伸手去拉李某，两人双双倒地。李某经抢救无效死亡，张某被严重电伤。经济损失大概 260 万元。

此次事故发生后，建设单位和施工单位都非常重视。施工单位企业负责人郭某和项目负责人赵某，调查分析本次触电事故的原因，吸取教训，并提出相应的防护措施，并在该项目部针对电气安全这方面进行全面整改和培训，以防止类似事故的再次发生。

**案例二：**2020 年 8 月，安徽省某建筑材料生产企业作业人员在某建设集团第三建设有限公司承建的合肥市畅通二环工程某标段项目工地内拆除围挡时，发生一起触电事故，造成 2 人死亡。死亡人员均为安徽某建筑材料生产企业人员，事故造成直接经济损失 370 多万元。此事故被立案调查。

最终查明导致此事故的直接原因是电工未按要求敷设电缆线。二级配电箱保护零线（PE 线）虚接，接地电阻过大，接地保护线不能构成有效回路，致使接地保护装置处于失效状态，PE 线上的电流无法传导入地；钢模板放置在电缆上，导致电缆护套和绝缘层破损，电缆内芯与钢模板接触，电缆通电后钢模板带电，作业人员陈某在进行围挡拆除作业时触碰到钢模板，随后，作业人员郑某施救时也触电，导致悲剧发生。

杨某为某建设集团第三建设有限公司聘用电工，未按照国家标准规范设置临时用电工程，未正确敷设施工现场电缆，是导致此次事故发生的直接原因，涉嫌重大劳动安全事故罪，由公安机关依法立案侦查。

**案例三：**2020 年 8 月，江西省某物资有限公司下属分公司在建设施工过程中，发生一起触电事故，造成1人死亡。

事故的直接原因是作业现场的电焊机、切割机进出线路陈旧老化，多处破损，有的铜线甚至裸露在外，且没有采用架空方式铺设，均平铺在水泥地面上，加之现场洒水，水在地面上漫流，电线大部分被浸湿，导致电线漏电。

## 【工作任务】

1. 分析案例中事故的原因。
2. 针对此类事故，提出相应的整改措施。
3. 为本项目部做一个详细的电气安全培训方案。

## 【工作目标】

1. 培养企业负责人和项目负责人组织管理的能力。
2. 培养企业负责人和项目负责人分析问题解决问题的能力。
3. 培养专职安全管理人员的业务能力和技能水平。
4. 培养相关人员分工合作，团队协作，团结互助的集体意识。

## 【任务分组】

本任务的分组可以参照表1-1。

**表1-1　任务分组参照表**

| 分组 | 任务分配 | 负责人 | 成员 |
|---|---|---|---|
| 组1 | 任务1：分析事故的原因 | | |
| | 任务2：提出整改措施 | | |
| | 任务3：电气安全培训方案 | | |
| 组2 | 任务1：分析事故的原因 | | |
| | 任务2：提出整改措施 | | |
| | 任务3：电气安全培训方案 | | |
| 组3 | 任务1：分析事故的原因 | | |
| | 任务2：提出整改措施 | | |
| | 任务3：电气安全培训方案 | | |
| …… | …… | …… | …… |

注　8人左右为一组，每组选出负责人1人，每组再分3小组，成员2～3人，每小组负责完成一个任务。最后每个小组由组负责人汇报完成任务的情况，每组负责人负责总结汇报本组任务情况。

## 【引导问题】

1. 企业负责人和项目负责人是指哪些人？他们的安全责任各是什么？
2. 项目经理与企业法人的关系是什么？
3. 建筑工程施工中电工的职责有哪些？
4. 可以从哪些方面分析生产安全事故的原因？谈一下你的思路。
5. 施工现场临时用电中，常用的防止触电的技术措施有哪些？

6. 施工企业安全培训的类型有哪些？内容有哪些？方式有哪些？

【工作计划】

案例背景介绍—布置工作任务—任务分组—实训室体验内容：①安全虚拟体验中心：利用"VR"虚拟现实体验设备体验"触电事故"；②安全实体体验中心：跨步电压体验设备、综合用电体验设备、用电救助体验设备、电焊实操体验设备等—查阅相关触电事故的资料、讨论问题、总结汇总、完成实训报告手册—每组负责人汇报本组成果—小组互评—教师评价。

【进度决策】

本工作任务计划共 8 学时，进度可参照表 1-2 进行。

表 1-2　　进度决策表

| 进　度 | 学　时 |
|---|---|
| 案例背景介绍 | 1 |
| 布置工作任务、任务分组 | |
| 安全虚拟体验中心体验 | 1 |
| 安全实体体验中心体验 | 1 |
| 查阅资料、讨论问题、总结汇总、完成实训报告手册 | 2 |
| 小组负责人汇报本组成果 | 1 |
| 小组互评 | 1 |
| 教师评价 | 1 |
| 共　计 | 8 |

【工作实施】

## 一、安全虚拟体验

通过虚拟体验中心的设备体验"触电事故"，认识施工过程中触电的危险性。

（后面工作任务二～工作任务四的虚拟体验项目的体验过程和本次操作过程基本一致，不再介绍。）

## 二、电焊实操体验

### （一）体验内容

用脚手架搭建一个双层动火棚模拟高处动火作业，作业半径内摆放防火毯防止火星飞落，测爆仪全程监测动火作业，棚下摆放移动式灭火器，窨井地沟采取遮盖措施，作业人员身穿 PPE（个人防护用品）并携带动火作业许可证，动火区域用警示带隔离并挂警示牌。

### （二）准备环节

本体验环节开始前推荐阅读以下参考资料：①《电阻焊机的安全要求》（GB 15578—2008）；②《焊工安全操作规程标准与技术》；③国家安全监管总局办公厅关于实施《特种

作业人员安全技术培训考核管理规定》有关问题的通知。

**（三）体验式教学内容**

无论在工程施工项目还是在工贸企业，电焊是非常常见的一种作业，对于安全管理人员来讲，电焊由于涉及特种作业、动火作业，是安全管理非常重要的一个环节。在本体验环节，可引导学生通过学习以下内容掌握通用的电焊安全管理常识。

1. 电焊安全操作规程

（1）作业人员必须是经过电焊、气焊专业培训和考试合格，取得特种作业操作证的电气焊工，并持证上岗（证在有效期内）。

（2）作业人员必须经过安全教育考核合格后才能上岗作业。

（3）施工现场禁止吸烟，严禁酒后作业，严禁追逐打闹，禁止串岗，严格遵守各项安全操作规程和劳动纪律。

（4）电焊作业人员作业时必须使用头罩或手持面罩，穿干燥工作服、绝缘鞋，用耐火防护手套，耐火的护腿套、套袖及其他劳动防护用品。要求上衣不准扎在裤子里，裤脚不准塞在鞋（靴）里，手套套在袖口外。

（5）进入施工现场必须戴好合格的安全帽，系紧下颚带，高处作业必须系好合格的防火安全带，高挂低用。

（6）进入作业地点后，熟悉作业环境，检查设备及各项安全防护设施。若发现不安全因素、隐患，必须及时处理或向有关部门汇报，确认安全后再进行施工作业。对施工过程中发现危及人身安全的隐患，应立即停止作业，及时要求有关部门处理解决。现场所有安全防护设施和安全标志，严禁私自移动和拆除，如需暂时移动和拆除的须报经有关负责人审批后，在确保作业人员及其他人员安全的前提下才能拆移，并在工作完毕（包括中途休息）后立即复原。

（7）严禁借用金属管道，金属脚手架、轨道，结构钢筋等金属物代替导线。

（8）焊接电缆横过通道时必须采取穿管、埋入地下或架空等保护措施。

（9）雨雪天气、六级以上大风开气不得露天作业，雨雪过后应消除积水、积雪后方可作业。

（10）作业时如遇到以下情况必须切断电源：①改变电焊机接头；②更换焊件需要改接二次回路；③转移工作地点搬运焊机；④焊机发生故障需要进行检修；⑤更换保险装置；⑥工作完毕或临时离开操作现场。

（11）焊工高处作业时：①必须使用标准的防火安全带并系在可靠的构件上；②高处作业时必须在作业点下方 5m 处设护栏专人监护，清除易燃易爆物品并设置接火盘；③线缆应用电绝缘材料捆绑在固定处，严禁绕在身上、搭在背上或踩在脚下作业；④焊钳不得夹在腋下，更换焊条不要赤手操作。

（12）焊工必须站在稳定的操作台上作业，焊机必须放置平稳、牢固，设有良好的接零（接地）保护。

（13）在狭小空间或金属容器内作业时，必须穿绝缘鞋，脚下垫绝缘垫，作业时间不能过长，应两人轮流作业，一人作业一人监护，监护人随时注意操作人员的安全操作是否正确等情况，一旦发现危险情况应立即切断电源，进行抢救。身体出汗、衣服潮湿时，严禁将身体靠在金属及工件上，以防触电。

（14）电焊机及金属防护笼（罩）必须有良好的接零（接地）保护。

（15）电焊机必须使用防触电保护器，并设单独开关箱。

（16）一、二次导线绝缘必须很好，接线正确，焊把线与焊机连接牢固可靠。接线处防护罩齐全，焊钳手柄绝缘良好，二次导线长度不大于30m，并且双线到位。

（17）严禁在起吊部件的过程中，边吊边焊。

（18）施焊现场的10m范围内，不得堆放氧气瓶、乙炔发生器、木材等易燃物。

（19）现场使用的电焊机应设有可防雨、防潮、防晒的机棚，并备有消防用品。

（20）焊接时，焊接和配合人员必须采取防止触电、高空坠落、瓦斯中毒和火灾等事故的安全措施。

（21）严禁在运行中的压力管道、装有易燃易爆物品的容器和受力构件上进行焊接和切割。

（22）焊接铜、铝、锌、锡、铅等有色金属时，必须在通风良好的地方进行，焊接人员应戴防毒面具或呼吸滤清器。

（23）在容器内施焊时，必须采取以下措施：容器上必须有进、出风口并设置通风设备；容器内的照明电压不得超过12V，焊接时必须有人在场监护，严禁在已喷涂过的油漆或塑料容器内焊接。

（24）焊接预热焊件时，应设挡板隔离焊件发出的辐射热。

（25）高空焊接或切割时，必须挂好安全带，焊件周围和下方应采取防火措施并有专人监护。

（26）电焊线通过道路时，必须架高或穿入防护管内埋设在地下，如通过轨道时，必须从轨道下面穿过。

（27）接地线及手把线都不得搭在易燃、易爆和带有热源的物品上，接地线不得接在管道、机床设备和建筑物金属构架或轨道上，接地电阻不大于4Ω。

（28）在潮湿地带作业时，操作人员应站在铺有绝缘物品的地方并穿好绝缘鞋。

（29）使用长期停用的电焊机时，须检查其绝缘电阻不得低于0.5MΩ，接线部分不得有腐蚀和受潮现象。

（30）焊钳应与手把线连接牢固，不得用胳膊夹持焊钳。清除焊渣时，面部应避开被清的焊缝。

（31）在载荷运行中，焊接人员应经常检查电焊机的温升，如超过A级60℃、B级80℃时，必须停止运转并降温。

（32）作业后，清理场地，灭绝火种，切断电源，锁好电闸箱，消除焊料余热后，方可离开。

（33）移动电焊机时，应切断电源，不得用拖拉电缆的方法移动焊机，如焊接中突然停电，应切断电源。

2. 氧气、乙炔安全技术操作规程

（1）氧气瓶运输。

1）在运输前，要检查瓶嘴气阀安全胶圈是否齐全，瓶身、瓶嘴是否有油类等。

2）装卸时，瓶嘴阀门朝同一方向，防止互相碰撞、损坏和爆炸。

3）不准装运其他可燃气体。

4）在强烈阳光下运输时，要用帆布遮盖。

（2）氧气瓶保管与存放。

1）库房周围不得放易燃物品。

2）库内温度不得超过30℃，距离热源明火在10m以外。

3）氧气瓶减压阀，压力计、接头与导管等，要涂标记。

（3）氧气瓶使用规定。

1）安装减压阀前，先将瓶阀微开一二秒钟，并检验氧气质量，合乎要求方可使用。

2）瓶中氧气不准用净，应留0.5MPa。

3）检查瓶阀时，只准用肥皂水检验。

4）氧气瓶不准改用充装其他气体使用。

（4）乙炔瓶使用规定。

1）乙炔气瓶在使用、运输、贮存时，环境温度不得超过40℃。

2）乙炔瓶的漆色必须保持完好，不得任意涂改。

3）乙炔气瓶在使用时必须装设专用减压器、回火防止器，工作前必须检查是否好用，若有问题禁止使用。开启时，操作者应站在阀门的侧后方，动作要轻缓。

4）使用时要注意固定，防止倾倒，严禁卧入使用，对已卧入的乙炔瓶，不准直接开气使用，使用前必须先立牢静止15min后，再接减压器使用。禁止敲击、碰撞等粗暴行为。

5）气瓶不得靠近热源和电气设备，夏季要有遮阳措施防止暴晒，与明火的距离要大于10m（高空作业时是与垂直地面处的平行距离）。

6）瓶阀冻结时，严禁用火烘烤，可用10℃以下温水解冻。

7）工作地点频繁移动时，应装在专用小车上，乙炔瓶和氧气瓶应避免放在一起。

8）瓶内气体严禁用尽，必须留有不低于规定的余压。

9）装运时，应妥善固定汽车装运乙炔瓶，放置时，头部应朝向一方，装车高度不得超过车厢高度，直立排放时，车厢高度不得低于瓶高的三分之一。

10）夏季要有遮阳措施，防止暴晒，严禁与氯气瓶、氧气瓶及易燃物品同车运输。

11）装运乙炔瓶的车辆禁止烟火。

12）乙炔瓶贮存时要保持直立，并有防倒措施，严禁与氧气瓶、氯气瓶及易燃品同向贮存，贮存间与明火和散放火地点距离不得小于10m，不应设在地下室或半地下室。

13）乙炔瓶严禁放在通风不良及有放射线的场所，不得放在橡胶等绝缘体上，瓶库或贮存间有专人管理，要有消防器材，要有醒目的防火标志。

14）运输、储存和使用气瓶时避免激烈振动和碰撞冲击，防止气瓶直接受热。

15）严禁氧气瓶与乙炔瓶等易燃气瓶混装运输。

16）氧气瓶与乙炔瓶明火距离不少于10m，而气瓶间距离保持5m以上。

17）开启瓶阀时，用力要平稳，操作者应位于出气口侧以防受气体冲击，使用减压器时应检查气瓶丝口是否完好、紧固，防止高压冲掉。

18）严禁将瓶内气体用尽，须留有余压以防空气倒灌和用于检查。

19）在输气胶管或减压器发生爆炸燃烧时应立即关闭瓶阀。

20）若发现瓶阀易烧塞或瓶体等部位有漏气时应立即停止作业，把气瓶转移到安全地点妥善处理且附近不得有火源。

21）严禁在带压力的容器或管道上焊、割，带电设备应先切断电源。

22）点火时，焊枪口不准对人，正在燃烧的焊枪不得放在工件或地面上。焊枪带有乙炔和氧气时，不准放在金属容器内，以防气体逸出，发生燃烧事故。

23）在贮存过易燃、易爆及有毒物品的容器或管道上焊、割时，应先清除干净，并将所有的孔、口打开。

24）使用状态下氧气瓶和乙炔瓶的安全距离是5m，乙炔距明火安全距离10m（高空作业时是与垂直地面处的平行距离）。不使用状态下，氧气瓶和乙炔瓶的安全距离为2m。存放的时候为分开存放（专库专用）。

25）工作完毕，应将氧气瓶、乙炔气瓶的气阀关好，拧上安全罩。检查操作场地，确认无着火危险，方准离开。

**（四）应知应会**

（1）电焊安全作业规程。

（2）电焊安全管理的重点。

（3）氧气、乙炔安全技术操作规程。

**（五）危险源识别**

电焊作业过程中存在的危险源可参照表1-3。

**表1-3　　电焊作业中危险源**

| 操　作 | 危　险　源 |
|---|---|
| 电焊实操体验设备 | 作业前未检查和清理现场可燃物，未配置灭火器材 |
| 电焊实操体验设备 | 电焊作业员无证上岗或证件未在有效期 |
| 电焊实操体验设备 | 作业员未佩戴防护面罩、手套等劳保用品或者防护面罩存在漏光破损现象 |
| 电焊实操体验设备 | 电焊场所内潮湿、通风不良 |
| 电焊实操体验设备 | 焊接过程中调节电流或者调节时过快过猛 |
| 电焊实操体验设备 | 焊机搭铁未使用接地钳，造成接地不良配电设施损坏，人员接触带电物体 |
| 电焊实操体验设备 | 电焊机未定期进行绝缘电阻检测，设备漏电 |
| 电焊实操体验设备 | 违规使用电焊机进行金属切割作业 |
| 电焊实操体验设备 | 换焊条时未佩戴手套，未关闭电源 |
| 电焊实操体验设备 | 换焊条时未能确保焊钳在任何斜度下均能夹紧焊条 |
| 电焊实操体验设备 | 清除焊缝焊渣时，未佩戴防护眼睛导致焊渣飞溅至眼内刺伤眼睛 |
| 电焊实操体验设备 | 焊接完毕后未立即切断电源，未关闭焊机开关，未整理现场电焊线路 |
| 电焊实操体验设备 | 焊接完毕时未仔细检查现场焊渣，确认无火星或其他引燃物 |

## 三、跨步电压体验

**（一）体验内容**

仿真跨步电压环境的设备，让体验者认知跨步电压带来的触电伤害，使其了解跨步电压的危害。体验者通过踩踏设有多个踩踏发光板的仿真模拟通道，可体验模拟跨步电压触电震感。通过此系统的体验学习，真正了解跨步电压触电的原理以及如何正确预防和逃离危险区域的方法。

**（二）准备环节**

推荐阅读以下参考资料：①《直流接地极接地电阻、地电位分布、跨步电压和分流的测量方法》（DL/T 253—2012）；②《建设工程安全技术与管理》第 9 章内容（吕桂军、温国利主编，黄河水利出版社）。

**（三）体验式教学内容**

1. 认识跨步电压

当架空线路的一根带电导线断落在地上时，落地点与带电导线的电势相同，电流就会从导线的落地点向大地流散，于是地面上以导线落地点为中心，形成了一个电势分布区域，离落地点越远，电流越分散，地面电势也越低。如果人或牲畜站在距离电线落地点 8～10m 以内，就可能发生触电事故，这种触电叫做跨步电压触电。

人受到跨步电压时，电流虽然是沿着人的下身，从脚经腿、胯部又到脚与大地形成通路，没有经过人体的重要器官，好像比较安全。但是实际并非如此！因为人受到较高的跨步电压作用时，双脚会抽筋，使身体倒在地上。这不仅使作用于身体上的电流增加，而且使电流经过人体的路径改变，完全可能流经人体重要器官，如从头到手或脚。经验证明，人倒地后电流在体内持续作用 2 秒，这种触电就会致命。

2. 跨步电压的危害

一旦误入跨步电压区，应迈小步，双脚不要同时落地，最好一只脚跳走，朝接地点相反的地区走，逐步离开跨步电压区。

当跨步电压达到 40～50V 时，人将会有触电危险，特别是跨步电压会使人摔倒进而加大人体的触电电压，甚至会使人发生触电死亡。

当电气设备发生接地故障，接地电流通过接地体向大地流散，在地面上形成分布电位时，这时若人们在接地短路点周围行走，其两脚之间（人的跨步一般按 0.8m 来考虑）的电位差，就是跨步电压。由跨步电压引起的人体触电，称为跨步电压触电。

人体受到跨步电压作用时，人体虽然没有直接与带电导体接触，也没有放弧现象，但电流是沿着人的下身，从一只脚经胯部到另一只脚，与大地形成通路。触电时先是感觉脚发麻，后是跌倒。当触到较高的跨步电压时，双脚会抽筋而倒在地上。跌倒后，由于头脚之间的距离大，故作用于身体上的电压增高，触电电流相应增大，而且也有可能使电流经过人体的路径改变为经过人体的重要器官，如从头到脚或从头到手，因而增加触电的危害性。人体倒地后，电压持续 2 秒钟，人就会有致命危险。

跨步电压的大小决定于人体离接地点的距离，距离越远，跨步电压数值越小，在远离接地点 20m 以外处，电位近似于零，越接近接地点，跨步电压越高。

3. 跨步电压的预防措施

（1）利用多种形式，各种宣传媒介，进行安全用电常识的宣传工作，普及跨步电压触电的危害及后果。

（2）电工负责每年对全部电力设备进行检查，落实安全措施，堵塞漏洞，预防事故的发生。

（3）架空线和接户线要经常维护，定期进行全面巡视检查，遇有大风、雨、雪、雾、冰雹、洪水等恶劣天气和用电高峰季节，要增加巡视检查次数和夜巡次数，对危及用电安全的设备、线路及时处理或采取暂停供电的应急措施。

（4）在事故停电或漏电保护器动作后，必须立即进行巡视检查，排除故障后方可恢复送电。

（5）在平时工作或行走时，一定要格外小心，当发现设备出现接地故障或导线断落地时，要远离导线落地点。

（6）一旦不小心跨入断导线落地点且感觉到跨步电压时，应赶快双脚并拢或用一只脚跳离断线落地点。

（7）当必须进入断线点救人或排除故障时，一定要穿绝缘靴。

（8）增设垂直接地极对于降低接触电压和跨步电压具有非常显著的作用，一是垂直极的引入，降低了地电位升（GPR），而接触及跨步电压均与 GPR 有着直接的关系。二是因为增设垂直极后，大部分故障电流通过垂直极流入大地，相应减少了水平导体的散流量，因此地表面的水平方向电流密度大大减少，造成水平方向电场强度大大降低。

**（四）应知应会**

（1）了解跨步电压的产生机理。

（2）认识跨步电压的危害。

（3）了解跨步电压伤害的预防。

## 四、综合用电体验

**（一）体验内容**

综合用电体验设备采用了“钢结构金属制作＋电气设备＋触电体验设备”的组合，通过观看、参与互动体验的形式，来学习各类电气元件、开关插座、常用灯具及电线的规格和使用规范，并通过模拟触电让人体验瞬间触电的感觉，进一步普及安全用电知识，提高作业人员安全素质，达到安全第一、预防为主的目的。

**（二）准备环节**

本体验环节开始前推荐阅读以下参考资料：①《施工现场临时用电安全技术规范》（JGJ 46—2005）；②《用电安全导则》（GB/T 13869—2017）；③《高压电力用户用电安全》（GB/T 31989—2015）。

**（三）体验式教学内容**

1. 生活用电基本知识

家庭电路结构图如图 1－1 所示，包括进户线、电能表、总开关、保险丝、电灯开关及插座。

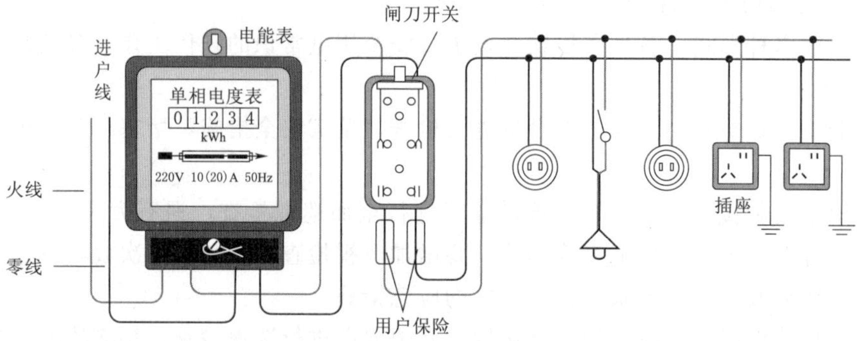


图 1-1 家庭电路结构图

(1) 进户线是从室外引起室内的导线，有两根，一根是火线（也称相线），另一根是零线。正常情况下，火线与零线之间有 220V 的电压。零线通常接地，这种情况下火线与地线之间也有 220V 的电压。

(2) 电能表是用来量度用户消耗电能多少的仪表，所以必须接在干路上。电能表上都标有额定电压值和允许通过最大电流值。一只标有“220V 5A”的电能表，表示用在总功率不超过 1100W 的电路中是合适的。

(3) 总开关用来控制总电路的通或断。一般使用闸刀开关，闸刀开关应立装，夹座（静触头）接电源线，保险丝装下方，且不可倒装。有的家庭电路里不安装总开关，而是在该处安装保险盒，作用是相同的。

(4) 保险丝（也称为熔丝）一般都装在保险盒里或保险管里。保险丝是由电阻率比较大而熔点较低的铅锑合金制成的。在总电流过大时保险丝熔断自动切断电路，以防止烧毁用电器和避免火灾。

(5) 家庭电路的主角是电灯。电灯是一个庞大的家族，包括白炽灯、荧光灯、高压气体放电灯等。白炽电灯的发光，是因为灯泡内的细钨丝通电后发热，灯丝温度高达 2000℃左右，达到白炽状态，于是灯丝发出明亮的白光。安装家庭电路时，各个用电器（包括两孔和三孔插座）是并联关系，在火线上要安装熔断器（保险盒）。两孔插座中左边接零线，右边接火线。接白炽电灯时，开关一定要接在火线上，而且火线要接螺丝口灯头上的锡点，零线接螺旋套。

(6) 开关可以控制各个支路的通断，开关应和被控制的用电器串联，必须接在火线上。

(7) 插座有两孔插座和三孔插座，供插接电视机、洗衣机、电风扇和电冰箱之用。插座一定要与灯座并联。插座有三孔的，它的两个孔分别接火线和零线，另一个孔与大地连接。

2. 家庭电路中的电流过大的原因

(1) 发生短路。短路就是电流没经过用电器而直接连通零线和火线，这就相当于一个电阻很小的导线与其他用电器并联，根据并联电路中电阻的规律，这时电路中的总电阻更小，根据欧姆定律可计算出此时干路中的电流可达几百安，使保险丝瞬间熔断。

(2) 用电器的总功率过大。当电路上连接的用电器太多时，根据公式 $P=UI$，则有，火线与零线间的电压是一定的，所以，总功率 $P$ 越大，干路中的电流 $I$ 就越大，当电流 $I$

达到一定程度时便可使保险丝熔断。

3. 生活安全用电

（1）通过人体的电流大小决定于外加电压和人体的电阻。

（2）安全电压：只有不高于 36V 的电压才是安全的。

（3）家庭电路的电压是 220V，动力电路的电压是 380V。

（4）触电事故是由于过大的电流通过人体而引起的，通过人体的电流越大且通电的时间越长，越危险。

（5）家庭电路中的触电事故，都是人体直接或间接跟火线连通造成的。

（6）低压触电的两种形式如下：

1）单相触电：站在地上的人触到火线，则电流由火线进入人体到地，经地线形成回路，造成触电事故。

2）两相触电：站在绝缘体上的人若同时触到两根电线时，电流将由火线进入人体到另一根线（零线）而形成回路，造成触电事故。

（7）高压触电的两种形式如下：

1）高压电弧触电：当人体靠近高压带电体到一定距离时，高压带电体和人体之间会发生放电现象。这时有电流通过人体，造成高压电弧触电。

2）跨步电压触电：高压输电线落在地面上，地面上与电线断头距离不同的各点存在着电压，当人走近断头时，两脚位于离断头远近不同的位置上，因而两脚之间有了电压（跨步电压）。这时电流通过人体，造成跨步电压触电。

4. 生产用电安全管理要点

（1）非持证电工，不得随便乱动或私自修理公司的电气设备。

（2）经常接触和使用的配电箱、配电板、闸刀开关、按钮开关、插座、插销以及导线等，必须保持完好。不能在附近堆放杂物，发现有破损、硬伤、带电裸露、电线受挤压、腐蚀、漏电等隐患，应停止使用，申请修理。

（3）经常检查电气设备的保护接地、接零装置，保证连接牢固。今后我们将在现有漏电保护地基础上，给各班组的移动设备增加重复接地线。

（4）漏电保护开关要经常检查，每月试跳不少于一次，如有失灵、异常声音立即更换。漏电保护开关跳闸后要查明原因，排除故障才可恢复送电。

（5）在使用手电钻、角磨机、马刀锯等手持电动工具时，必须使用安装漏电保护器的插座，绝缘外壳（套）要保持完好，带皮手套，穿绝缘鞋和其他防护用品并保持干燥，握持绝缘部分。要防止移动工具时，导线被拉断。

（6）不在雨淋环境下使用电焊机、电动工具。在积水环境下使用焊机和电动工具时，应站在绝缘垫板上。禁止使用多处接头的、残旧的电线，以防触电。

（7）在雷雨天，不要走进高压电杆、铁塔、避雷针的接地导线周围 20m 内。当遇到高压线断落时，周围 10m 之内，禁止人员进入；若已经在 10m 范围之内，应单足或并足跳出危险区。雷雨天不要在树下避雨。

（8）放置“禁止合闸，有人工作”警示牌的开关禁止合闸，说明电路有人作业。

（9）不要用湿手触摸灯头、开关、插头插座和用电器具。开关、插座或用电器具损坏或外壳破损时应及时修理或更换，未经修复不能使用。

（10）尽量将移动设备的临时电源线摆顺，避免打缠，焊机车、工具车经过时要避免碾压电线电缆破坏绝缘。电缆或电线的破损处要用电工胶布及时包好。

（11）不要用电线直接插入插座内用电。

（12）闲置的电线接头应包好，并视作带电。

（13）移动焊机时，必须先切断电源，并保护好导线，以免磨损或拉断。使用工频焊机在金属容器内及其他金属结构上的焊接，或在潮湿的环境中焊接，更要加强个人防护，必须穿绝缘鞋、戴皮手套、垫上橡胶板或其他绝缘衬垫，并设监护人员，遇到危险时可以立即切断电源。

（14）操作中严禁随意接触导电体，尤其是身体出汗衣服潮湿时更要注意；在工作前养成安全检查的良好习惯，先检查接地、接零装置是否完好可靠，然后检查绝缘防护是否到位和接触部位是否可靠绝缘；工频电焊机建议加装防触电装置。

（15）在高处作业时，不能将电缆搭扛在肩上或缠在身上用来固定或移动电缆。

**（四）应知应会**

（1）家庭电路的组成。

（2）保险丝和空气开关的作用，测电笔的作用和使用方法。

（3）安全用电常识及安全电压。

（4）生产用电安全管理要点。

（5）用电事故预防。

**（五）危险源识别**

施工现场临时用电中的危险源可参照表 1－4。

**表 1－4　　临时用电中危险源**

| 项　目 | 危　险　源 |
|---|---|
| 低压配电室 | 开关跳闸未验电 |
| | 开关跳闸要求送电，短路接地 |
| | 低压电线裸露部分不能用手触摸 |
| | 检修刀闸开关未验电 |
| | 带负荷拉刀闸 |
| | 在带电设备上清灰 |
| | 检修电容未进行放电 |
| | 误操作 |
| | 未确认工作内容、线路 |
| | 拉闸后未挂牌 |
| | 电器元件更换时，未采取隔离措施，造成人员触电 |
| 架空线路 | 检修线路爬错杆 |
| | 检查线路两端未挂设接地线 |
| | 登杆时脚扣存在缺陷 |

续表

| 项　目 | 危　险　源 |
|---|---|
| 电机检修 | 设备维护检修时没有做到停送电挂牌 |
| | 移动电机时措施不当 |
| | 试修复后的电机未采取安全措施 |
| | 实验配电箱漏电 |
| | 烘干设备灯头存在缺陷 |
| | 电机绝缘探测措施不当 |
| | 使用倒链吊电机时，挂点选择不当，电机倾斜挤伤人员 |
| | 更换电机梅花接手时，用手取放梅花垫压伤手指 |
| | 电机更换时，使用钢丝绳吊挂点未做绑扎，导致电机倾斜，砸伤人员 |
| | 电机找正时，用手指对地脚眼，挤伤手指 |
| | 拆电机接手时，拉马未垫稳，落地伤人 |
| | 电机找正时，用手拿放垫铁，压伤手指 |
| | 更换电机时，起吊电机无起重工配合 |
| | 更换电机接手使用大锤时，抡锤范围内站人 |
| | 未办理停电挂牌手续造成岗位误操作，作业人员造成机械绞伤 |
| | 使用撬杠时支点不稳，动作不当 |
| 日常巡检 | 高压电机碳刷打火 |
| | 高压电机运转时的噪声 |
| | 来自现场高空坠落物体 |
| | 现场高温物体触碰 |
| 高压电机检修 | 工作前未做可靠停电 |
| | 工作时确认电机是否有二次转动 |

## 五、用电救助体验

**（一）体验内容**

通过触电体验，了解触电后救助的方法和技巧，警示用电的危险性和提高安全防范意识。仿真触电解救场景，让体验者掌握正确的触电解救方法。

**（二）准备环节**

本体验环节开始前推荐阅读以下参考资料：《建设工程安全技术与管理》（吕桂军、温国利主编，黄河水利出版社）。

**（三）体验式教学内容**

触电救护方法

触电急救的第一步是使触电者迅速脱离电源，第二步是现场救护。

（1）使触电者脱离低压电源应采取的方法：

1）就近拉开电源开关，拔出插销或保险，切断电源。要注意单极开关是否装在火线上，若是错误地装在零线上不能认为已切断电源。

2）用带有绝缘柄的利器切断电源线。

3）找不到开关或插头时，可用干燥的木棒、竹竿等绝缘体将电线拨开，使触电者脱离电源。

4）可用干燥的木板垫在触电者的身体下面，使其与地绝缘。如遇高压触电事故，应立即通知有关部门停电。要因地制宜，灵活运用各种方法，快速切断电源。

（2）现场救护：

1）若触电者呼吸和心跳均未停止，此时应将触电者躺平就地，安静休息，不要让触电者走动，以减轻心脏负担，并应严密观察呼吸和心跳的变化。

2）若触电者心跳停止、呼吸尚存，则应对触电者做胸外按压。

3）若触电者呼吸停止、心跳尚存，则应对触电者做人工呼吸。

4）若触电者呼吸和心跳均停止，应立即按心肺复苏方法进行抢救。

（3）触电救护注意事项：

1）动作一定要快，尽量缩短触电者的带电时间。

2）切不可用手或金属和潮湿的导电物体直接触碰触电者的身体或与触电者接触的电线，以免引起抢救人员自身触电。

3）解脱电源的动作要用力适当，防止因用力过猛将带电电线击伤在场的其他人员。

4）在帮助触电者脱离电源时，应注意防止触电者被摔伤。

5）进行人工呼吸或胸外按压抢救时，不得轻易中断。

**（四）应知应会**

（1）触电救护的常用方法。

（2）触电救护的要领和注意事项。

## 【评价反馈】

1. 你在完成分配任务的过程中，遇到的难点有哪些？

2. 你认为本组任务完成情况怎样？哪些地方可以改进？

## 【相关知识点】

### 一、安全生产责任制

安全生产责任制度就是对各级负责人、职能部门以及各类施工人员，在管理和施工过程中应当承担的责任作出明确的规定。

1. 施工企业主要负责人的安全责任

主要负责人对安全生产工作全面负责。施工单位主要负责人（实际控制人）依法对本单位的安全生产工作全面负责。建立健全安全生产责任制度和安全生产教育培训制度，制定安全生产规章制度和操作规程，保证本单位安全生产条件所需资金的投入，对所承担的建设工程进行定期和专项安全检查，并做好安全检查记录。主要负责人不限于法定代表人，而是指对施工单位全面负责，有生产经营决策权的人（董事长、总经理、总裁）。

2. 项目经理的安全责任

施工项目负责人是对建设工程项目的安全施工全面负责。落实安全生产责任制度，安全生产规章制度和操作规程；确保安全生产费用的有效使用；并根据工程的特点组织制定安全施工措施，消除安全事故隐患；及时、如实报告生产安全事故。

3. 专职安全生产管理人员的安全责任

施工单位应当设立安全生产管理机构，配备专职安全生产管理人员。专职安全生产管理人员负责对安全生产进行现场监督检查。发现安全事故隐患，应当及时向项目负责人和安全生产管理机构报告；对违章指挥、违章操作的，应当立即制止。

## 二、对于电工及用电人员的要求

由于在建筑业中发生的很多触电事故的原因与管理上的安全用电意识差及工人的安全用电知识不足有关，因此，进行全员安全用电科普教育，使人人自觉学习掌握安全用电基本知识，不断增强安全用电意识，遵守安全用电的制度和规范，对预防触电事故频发是十分重要的。

(1) 电工必须通过按国家现行标准的考核，合格后，方可持证上岗工作；其他用电人员必须通过相关安全教育培训和技术交底，考核合格后方可上岗工作。

(2) 安装、巡检、维修或拆除临时用电设备和线路，必须由电工完成，并应有人监护。

(3) 电工等级应同工程的难易程度和技术复杂性相适应。

(4) 各类用电人员应掌握安全用电基本知识和所用设备的性能。

(5) 使用电气设备前必须按规定穿戴和配备好相应的劳动防护用品，并应检查电气装置和保护设施，严禁设备带“缺陷”运转。

(6) 用电人员保管和维护所用设备，发现问题及时报告解决。

(7) 现场暂时停用设备的开关箱必须分断电源隔离开关，并应关门上锁。

(8) 用电人员移动电气设备时，必须经电工切断电源并做妥善处理后进行。

据有关资料统计，由于人的因素造成触电伤亡事故占整个触电伤亡事故的80%以上。因此，抓好人的素质培养，控制人的事故行为心态，是做好施工现场安全用电管理工作的关键。

## 三、用电设备安全技术交底的要求

施工现场用电人员应加强自我保护意识，特别是电动建筑机械的操作人员必须掌握安全用电的基本知识，以减少触电事故的发生。对于现场中一些固定机械设备的防护和操作，应进行如下交底：

(1) 开机前，认真检查开关箱内的控制开关设备是否齐全有效，漏电保护器是否可靠，发现问题及时向工长汇报，工长派电工处理。

(2) 开机前，仔细检查电气设备的接零保护线端子有无松动，严禁赤手触摸一切带电绝缘导线。

(3) 严格执行安全用电规范，凡一切属于电气维修、安装的工作，必须由电工来操作，严禁非电工进行电工作业。

（4）施工现场临时用电施工，必须执行施工组织设计和安全操作规程。

## 四、触电事故的预防措施

1. 绝缘、屏护和间距

绝缘、屏护和间距是最为常见的安全措施。

（1）绝缘：指防止人体触及，用绝缘物把带电体封闭起来。瓷、玻璃、云母、橡胶、木材、胶木、塑料、布、纸和矿物油等都是常用的绝缘材料。应当注意：很多绝缘材料受潮后会丧失绝缘性能或在强电场作用下会遭到破坏，丧失绝缘性能。

（2）屏护：即采用遮栏、护罩、护盖箱闸等把带电体同外界隔绝开来。电器开关的可动部分一般不能使用绝缘，而需要屏护。高压设备不论是否有绝缘，均应采取屏护。

（3）间距：保证必要的安全距离。间距除用防止触及或过分接近带电体外，还能起到防止火灾、防止混线、方便操作的作用。在低压工作中，最小检修距离不应小于0.1m。

2. 接地和接零

（1）接地：指与大地的直接连接，电气装置或电气线路带电部分的某点与大地连接、电气装置或其他装置正常时不带电部分某点与大地的人为连接都叫做接地。

（2）保护接地：为了防止电气设备外露的不带电导体意外带电造成危险，将该电气设备经保护接地线与深埋在地下的接地体紧密连接起来的做法叫做保护接地。

（3）保护接零：就是把电气设备在正常情况下不带电的金属部分与电网的零线紧密地连接起来。应当注意的是，在三相四线制的电力系统中，通常是把电气设备的金属外壳同时接地、接零，这就是所谓的重复接地保护措施，但还应该注意，零线回路中不允许装设熔断器和开关。

由于绝缘破坏或其他原因而可能呈现危险电压的金属部分，都应采取保护接地措施。如电机、变压器、开关设备、照明器具及其他电气设备的金属外壳都应予以接地。一般低压系统中，保护接地电阻值应小于4Ω。

独立的配电系统必须采用三相五线制的接零保护系统，非独立系统可根据现场的实际情况采取相应的接零或接地保护方式。

3. 装设漏电保护装置

为了保证在故障情况下人身和设备的安全，应尽量装设漏电流动作保护器。它可以在设备及线路漏电时，自动切断电源，起到保护作用。

4. 采用安全电压

这是用于小型电气设备或小容量电气线路的安全措施。根据欧姆定律，电压越大，电流也就越大。因此，可以把可能加在人身上的电压限制在某一范围内，使得在这种电压下，通过人体的电流不超过允许范围，这一电压就叫做安全电压。安全电压的工频有效值不超过50V，直流不超过120V。我国规定工频有效值的等级为42V、36V、24V、12V和6V。

凡手提照明灯、高度不足2.5m的一般照明灯，如果没有特殊安全结构或安全措施，应采用 42V 或 36V 安全电压。

凡金属容器内、隧道内、矿井内等工作地点狭窄、行动不便，以及周围有大面积接地导体的环境，使用手提照明灯时应采用 12V 安全电压。

5. 加强绝缘

加强绝缘就是采用双重绝缘或另加总体绝缘，即保护绝缘体以防止通常绝缘损坏后的触电。

# 工作任务二　高处坠落事故

建筑施工中常见的“五大伤害”是指高处坠落、物体打击、机械伤害、触电和坍塌。据统计，“五大伤害”事故造成的死亡人数占建筑行业全部事故死亡人数的90%以上。其中，高处坠落事故由于发生频率高、死亡率大，而被列为建筑施工“五大伤害”之首。

**案例一：** 2022年4月某日，南方某单位在110kV广东某光伏复合项目接入系统工程110kV新建线路架线施工过程中发生一起高处坠落事故。当日17：00左右，作业人员刘某转身收拾地面工器具时突然听见“砰”一声。扭头看到万某倒在N7塔Ⅲ腿附近无任何反应，随即联系有关人员，并拨打120急救电话。万某经抢救无效死亡。据初步分析，作业人员万某在塔上处理脱轨的牵引绳时失去安全带保护发生坠落，后经抢救无效死亡。

**案例二：** 2021年1月某日，某市洪鹤大桥发生施工人员高处坠落事故。施工人员在洪鹤大桥3号主桥墩开展维修作业准备过程中不慎坠落，经抢救无效后死亡。有网友拍摄到这恐怖一幕，周围有人发出惊呼。视频显示，一名工人悬挂在高空，拼命挣扎，力气耗尽不幸坠落。

**案例三：** 2021年7月某日，四川省某建筑工程有限公司在某水利枢纽工程发电厂房屋顶吊装彩钢瓦施工时，吊装物彩钢瓦与在屋顶屋面作业的工人王某碰撞，致其不慎摔落至发电厂房楼地面，现场负责人张某立即拨打120急救电话，随后120救护人员到达现场进行抢救，但是王某抢救无效死亡。

**案例四：** 2021年4月某日17时20分许，位于某县经济开发区的江苏某海洋装备制造有限公司在风电套笼外作业平台钢格栅板装配作业中，发生一起高处坠落事故，造成3人死亡，直接经济损失约688.6万元，安全经理、安全员、班组长3人被追究刑责。

三名作业人员在距离地面18.52m高处的套笼外作业平台，违章使用安全带挂钩挂扣在需移动装配的钢格栅板上，实施拖移作业，未采取防坠落措施，导致三人先后从无临边防护的孔洞中坠落，造成事故发生。

## 【工作任务】

1. 分析高空坠落事故的原因。
2. 总结建筑工程施工中高空坠落事故的类型及防护措施技术。
3. 浅谈怎样预防高空坠落事故的发生。

## 【工作目标】

1. 培养安全管理人员分析问题解决问题的能力。
2. 培养团队协作，团结互助的集体意识。
3. 培养专职安全管理人员以人为本，爱岗敬业的精神。

## 【任务分组】

本任务的分组可以参照表 2－1。

表 2－1　任务分组参照表

| 分组 | 任　务　分　配 | 负责人 | 成员 |
|---|---|---|---|
| 组 1 | 任务 1：分析高空坠落事故的原因 | | |
| | 任务 2：总结建筑工程施工中高空坠落事故的类型及防护措施技术 | | |
| | 任务 3：浅谈怎样预防高空坠落事故的发生 | | |
| 组 2 | 任务 1：分析高空坠落事故的原因 | | |
| | 任务 2：总结建筑工程施工中高空坠落事故的类型及防护措施技术 | | |
| | 任务 3：浅谈怎样预防高空坠落事故的发生 | | |
| 组 3 | 任务 1：分析高空坠落事故的原因 | | |
| | 任务 2：总结建筑工程施工中高空坠落事故的类型及防护措施技术 | | |
| | 任务 3：浅谈怎样预防高空坠落事故的发生 | | |
| …… | …… | …… | …… |

## 【引导问题】

1. 建筑施工中什么是高处作业？
2. 是不是只有达到高处作业标准才有危险？
3. 建筑施工作业的特点有哪些？
4. 施工中哪些作业属于高处作业？

## 【工作计划】

案例背景介绍—布置工作任务—任务分组—体验内容：①安全虚拟体验中心："VR"虚拟现实体验设备体验"高处坠落"；②安全实体体验中心：智能平衡木体验、安全带体验　查阅相关触电事故的资料、讨论问题、总结汇总、完成填写实训报告手册—每组负责人汇报本组成果—小组互评—教师评价

## 【进度决策】

本工作任务计划共 8 学时，进度可参照表 2－2 进行。

表 2－2　进度决策表

| 进　　度 | 学　　时 |
|---|---|
| 任务二案例背景介绍 | 1 |
| 布置工作任务、任务分组 | |
| 安全虚拟体验中心："VR"虚拟现实体验设备体验"高处坠落" | 1 |
| 安全实体体验中心：智能平衡木体验、安全带体验 | 1 |
| 查阅资料、讨论问题、总结汇总、完成实训报告手册 | 2 |
| 小组负责人汇报本组成果 | 1 |
| 小组互评 | 1 |
| 教师评价 | 1 |
| 共计 | 8 |

## 【工作实施】

### 一、智能平衡木体验

#### （一）体验内容

平衡木体验可检测自身平衡能力，促进小脑的健康发育和肢体的应变能力，行走次数多时还能提高下肢力量和协调能力，锻炼体验者沉着冷静、勇敢大胆的心理素质，增强体验者的身体素质，可检测作业人员是否满足作业条件。

采用智能启动功能，人员进入体验区，语音系统与显示系统提示体验者“已开始体验”，在体验过程中通过智能大马力风机，模拟高空环境下风力对人体行走的阻碍，增加体验的真实感与趣味性。

该体验环节在很多工程施工项目部均有使用，在班前会时，可以利用此工具生动有趣地检查作业人员的精神和体力状态，因此在本体验环节中还会为学生导入班前会的理念。

#### （二）准备环节

本体验环节开始前推荐阅读以下参考资料：①《水电水利工程土建施工安全技术规程》（DL/T 5371—2017）；②《特种作业人员安全技术培训考核管理规定》。

#### （三）体验式教学内容

1．安全管理要关注人的状态

在工程施工安全管理中，一般会涉及登高、动火、起重等特种作业或者具有高度危险性的作业，如果作业人员的精神或者体力状态不佳，则从事这些高风险作业就蕴含着高度的风险。本体验环节提供了一个简便、直观的检测从业人员精神和体力状态的方法，目前很多施工工地在使用。

绝大多数安全事故和隐患，都是直接或间接由人的不安全的行为或人的安全意识淡漠导致，在很大程度上，“人”安全与否，直接关系到安全生产的成败。安全管理要时刻关注人的状态。

2．班前会及其作用

顾名思义，班前会是班组（科室、部门）每天工作前开的会，要对每天的工作作具体的安排，强调工作中要注意的安全事项。它所开展的内容是丰富多彩的，除了由班长（科长、部长）安排外，还可以让组员在会上就本职工作各抒己见，谈自己对本职工作的看法，把工作中有关难题说出来，让组员讨论、分析，找出解决的办法，以此来调动组员的积极性，做到人人参与。

班前会有利于把管理工作细化到车间、班组、个人，有利于培养主管部门目标任务观念；有利于提高管理人员的检查、监督、执行力度。通过召开班前会，管理人员的领导能力、组织能力、表达能力、指挥能力、策划能力都将得到极大地提高；同时，也能便于各部门之间的信息交流，从而提高工作效率；也为员工提供了一个学习交流的平台，提高了企业的学习氛围和员工的知识水平。

班前会作为企业（项目部）的一个制度，就要严格执行，并通过一些具体的行为要求来培养员工的时间观念、纪律观念、形象观念，同时也增强了企业的凝聚力，树立了企业的良好形象；班前会又是企业的镜子，能够把企业存在的问题及时地反映给大家，使企业、员工都能充分地认识自己，真正做到认识自己、提高自己；班前会可以还能做到员工与员工之间，员工与领导之间的互相监督。不管是领导还是员工只要是违反了班前会制度或是企业的其他制度，都要当场按照规定采取一定的措施。这种监督有很大的透明度，不仅提高了员工的主人翁意识，是一种有效的激励机制，也便于企业各种规章制度的推行。

3. 班前会检查要领

班前会上做好“三查”：

（1）查仪表：检查工作服、工作帽穿戴情况，有无不符合要求。

（2）查安全：检查安全帽、安全带、防护眼镜等防护用品是否佩戴正确。

（3）查精神状态：要做到察言观色，观察员工是否有未休息好、班前饮酒、身体不适、情绪波动等不利于工作的状态，确保员工精神饱满，心情舒畅。（本环节可使用类似智能平衡木这种趣味的工具去进行。）

**（四）应知应会**

（1）高危作业的分类。

（2）思考在建筑施工工程中，哪些作业要特别关注人的状态？

（3）掌握班前会的重要性。

**（五）危险源识别**

本体验环节主要目标是引导从事安全管理的人员认识到人的精神、体力状态对其作业安全性的影响。不良的精神状态、饮酒、体力不佳在工程施工中带来的风险需要结合具体的操作去识别和评估。需要注意的是，在实际安全管理工作中，时刻关注人的精神和体力状态是安全管理人员的重要素养之一。

## 二、安全带体验

**（一）体验内容**

正确穿戴三人位安全带、正确操作电气遥控装置。

在本体验环节，学习高处作业的概念以及安全管理要求。

**（二）准备环节**

本体验环节开始前推荐阅读以下参考资料：

①《坠落防护　安全带》（GB 6095—2021）；②《高处作业分级》（GB/T 3608—2008）；③《建筑施工高处作业安全技术规范》（JGJ 80—2016）。

**（三）体验式教学内容**

1. 高处作业

高空作业通常指的是高处作业，指人在以一定位置为基准的高处进行的作业。按《高处作业分级》（GB/T 3608—2008）规定，高处作业为：“在距坠落高度基准面 2m 或 2m 以上有可能坠落的高处进行的作业。”根据这一规定，在建筑业中涉及高处作业的范围是相当广泛的。在建筑物内作业时，若在 2m 以上的架子上进行操作，即为高处作业。

（1）为了便于操作过程中做好防范工作，有效防止人与物从高处坠落的事故，根据建筑行业的特点，在建筑安装工程施工中，对建筑物和构筑物结构范围以内的各种形式的洞口与临边性质的作业、悬空与攀登作业、操作平台与立体交叉作业，以及在结构主体以外的场地上和通道旁的各类洞、坑、沟、槽等工程的施工作业，只要符合上述条件的，均作为高处作业对待，并加以防护。

（2）脚手架、井架、龙门架、施工用电梯和各种吊装机械设备所形成的高处作业，其安全问题，都是各工程或设备的安全技术部门各自负责。

（3）对操作人员而言，当人员坠落时，地面可能高低不平。上述标准所称坠落高度基准面，是指通过最低的坠落着落点的水平面。而所谓最低的坠落着落点，则是指当在该作业位置上坠落时，有可能坠落到的最低之处。这可以看作是最大的坠落高度。因此，高处作业高度的衡量，以从各作业位置到相应的坠落基准面之间的垂直距离的最大值为准。

2. 高处作业基本类型

建筑施工中的高处作业主要包括临边、洞口、攀登、悬空、交叉五种基本类型，这些类型的高处作业是高处作业伤亡事故可能发生的主要地点。

（1）临边作业。临边作业：施工现场中，工作面边沿无围护设施或围护设施高度低于80cm时的高处作业。下列作业条件属于临边作业：①基坑周边，无防护的阳台、料台与挑平台等；②无防护楼层、楼面周边；③无防护的楼梯口和梯段口；④井架、施工电梯和脚手架等的通道两侧面；⑤各种垂直运输卸料平台的周边。

（2）洞口作业。洞口作业：孔、洞口旁边的作业。在水平方向的楼面、屋面、平台等上面短边小于25cm（大于2.5cm）的称为孔，等于或大于25cm称为洞。在垂直于楼面、地面的垂直面上，则高度小于75cm的称为孔，高度等于或大于75cm，宽度大于45cm的均称为洞。凡深度在2m及2m以上的桩孔、人孔、沟槽与管道等孔洞边沿上的高处作业都属于洞口作业。

建筑物的楼梯口、电梯口及设备安装预留洞口等（在未安装正式栏杆，门窗等围护结构时），还有一些施工需要预留的上料口、通道口、施工口等。凡是在2.5m以上，洞口若没有防护时，就有造成作业人员高处坠落的危险；或者若不慎将物体从这些洞口坠落时，还可能造成下面的人员发生物体打击事故。

（3）攀登作业。攀登作业：借助建筑结构或脚手架上的登高设施或采用梯子或其他登高设施在攀登条件下进行的高处作业。

在建筑物周围搭拆脚手架、张挂安全网，装拆塔机、龙门架、井字架、施工电梯、桩架，登高安装钢结构构件等作业都属于攀登作业。

进行攀登作业时作业人员由于没有作业平台，只能攀登在可借助物的架子上作业，要一手攀、一只脚勾或借助腰绳来保持平衡，身体重心垂线不通过脚下，作业难度大，危险性大，若有不慎就可能坠落。

（4）悬空作业。悬空作业：在周边临空状态下进行高处作业。其特点是在操作者无立足点或无牢靠立足点条件下进行高处作业。

建筑施工中的构件吊装，利用吊篮进行外装修，悬挑或悬空梁板、雨棚等特殊部位支拆模板、扎筋、浇混凝土等项作业都属于悬空作业，由于是在不稳定的条件下施工作业，危险性很大。

（5）交叉作业。交叉作业：在施工现场的上下不同层次，于空间贯通状态下同时进行的高处作业。

现场施工上部搭设脚手架、吊运物料、地面上的人员搬运材料、制作钢筋，或外墙装修下面打底抹灰、上面进行面层装饰等，都是施工现场的交叉作业。交叉作业中，若高处作业不慎碰掉物料，失手掉下工具或吊运物体散落，都可能砸到下面的作业人员，发生物体打击伤亡事故。

3. 高处作业的事故预防

高处坠落事故的综合预防、控制，是依据高处坠落事故的不同类别和系列的原因规律，而提出的对高处坠落事故进行综合预防、控制的要点。

(1) 对从事高处作业人员要坚持开展经常性安全宣传教育和安全技术培训，使其认识掌握高处坠落事故规律和事故危害，牢固树立安全思想和具有预防、控制事故能力，并要做到严格执行安全法规，当发现自身或他人有违章作业的异常行为，或发现与高处作业相关的物体和防护措施有异常状态时，要及时加以改变使之达到安全要求，从而预防、控制高处坠落事故的发生。

(2) 高处作业人员的身体条件要符合安全要求。如不准患有高血压病、心脏病、贫血、癫痫病等不适合高处作业的人员，从事高处作业；对疲劳过度、精神不振和思想情绪低落人员要停止高处作业；严禁酒后从事高处作业。

(3) 高处作业人员的个人着装要符合安全要求。如根据实际需要配备安全帽、安全带和有关劳动保护用品；不准穿高跟鞋、拖鞋或赤脚作业；如果是悬空高处作业要穿软底防滑鞋；不准攀爬脚手架或乘运料井字架吊篮上下，也不准从高处跳上跳下。

(4) 要按规定要求搭设各种脚手架。如架子高度达到 3m 以上时，每层要绑两道护身栏，设一道挡脚板，脚手板要铺严，板头、排木要绑牢，不准留探头板。

(5) 要切实做好洞口处的安全防护。具体方法同洞口坠落事故的预防、控制措施。

(6) 使用高凳和梯子时，单梯上只许 1 人操作，支设角度以 60°～70°为宜，梯子下脚要采取防滑措施，支设人字梯时，两梯夹角应保持 40°，同时两梯要牢固，移动梯子时梯子上不准站人。使用高凳时，单凳只准站 1 人，双凳支开后，两凳间距不得超过 3m。如使用较高的梯子和高凳时，还应根据需要采取相应的安全措施。

(7) 在没有可靠的防护设施时，高处作业必须系安全带，否则不准在高处作业。同时安全带的质量必须达到使用安全要求，并要做到高挂低用。

(8) 登高作业前，必须检查脚踏物是否安全可靠，如脚踏物是否有承重能力；木电杆的根部是否腐烂。严禁在石棉瓦，刨花板、三合板顶棚上行走。

(9) 不准在六级强风或大雨、雪、雾天气从事露天高处作业。另外，还必须做好高处作业过程中的安全检查，如发现人的异常行为、物的异常状态，要及时排除，使之达到安全要求，控制高处坠落事故发生。

4. 高处作业安全带

(1) 基本定义。高处作业安全带又称为全方位安全带或五点式安全带。《坠落防护 安全带》(GB 6095—2021) 规定带体需采用高强度涤纶织带或更高强度纤维材质加工而成的。金属配件表面应光洁，无麻点和裂纹，且经过 48 小时盐雾试验无腐蚀。配件均采用锻造和冲压，无焊接。

（2）用途及优点：①围杆类作业带适用于外线电工，电信工人作业，电线维修等相似工种；②防坠落安全带电器安装和维修等高空作业用；③五点式安全带可适应各类作业，包括（围杆作业、坠落悬挂、垂直作业等）；④安全带优点强度大、耐磨、耐用、耐霉烂、耐酸碱，简易轻便，安全适用。

（3）安全带使用前注意事项：

1）每次使用安全带时，应查看标牌及合格证，检查尼龙带有无裂纹，缝线处是否牢靠，金属件有无缺少、裂纹及锈蚀情况，安全绳应挂在连接环上使用。

2）安全带应高挂低用，并防止摆动、碰撞，避开尖锐物质，不能接触明火。

3）作业时应将安全带的钩、环牢固地挂在系留点上。

4）在低温环境中使用安全带时，要注意防止安全带变硬割裂。

5）使用频繁的安全绳应经常做外观检查，发生异常时应及时更换新绳，并注意加绳套的问题。

6）不能将安全带打结使用，以免发生冲击时安全绳从打结处断开，应将安全挂钩挂在连接环上，不能直接挂在安全绳上，以免发生坠落时安全绳被割断。

7）安全带使用两年后，应按批量购入情况进行抽检，围杆带做静负荷试验安全绳做冲击试验，无破裂可继续使用，不合格品不予继续使用，对抽样过的安全绳必须重新更换安全绳后才能使用，更换新绳时注意加绳套。

8）安全带应储藏在干燥、通风的仓库内，不准接触高温、明火、强酸、强碱和尖利的硬物，也不要暴晒。搬动时不能用带钩刺的工具，运输过程中要防止日晒雨淋。

9）安全带使用期为3～5年，发现异常应提前报废。在使用过程中，使用者也应注意查看，在半年至1年内要试验一次。以主部件不损坏为要求，如发现有破损变质情况及时反映，并停止使用，以保操作安全。

10）安全带上的各种部件不得任意拆除。更换新件时，应选择合格的配件。

**（四）应知应会**

（1）了解高处作业的定义。

（2）了解高处作业的安全管理要点。

（3）了解安全带的定义。

（4）了解安全带的安全管理要求。

**（五）危险源识别**

本环节主要引导学生认识到高处作业可能存在的风险，主要以高处坠落风险为主，本环节的危险源识别需要结合具体的高处作业去分析。预防高处坠落风险的主要个人防护设备就是安全带。本体验环节，学生可思考假如未能正确使用安全带可能给作业人员带来的风险，从而去树立高处作业的防护意识，在安全管理工作中切实做好高处作业风险的管理。

## 【评价反馈】

1. 在虚拟体验中和实体体验中遇到的困难有哪些？你是怎样解决的？

2. 写实训报告中遇到的困难有哪些？你是怎样解决的？

## 【相关知识点】

1. 高处作业的概念

高处作业指凡在坠落高度基准面 2m 以上（含 2m）有可能坠落的高处进行的作业。

2. 高处作业的分级

高处作业可以分四个级别：作业高度在 2～5m 时，称为一级高处作业；作业高度在 5～15m 时，称为二级高处作业；作业高度在 15～30m 时，称为三级高处作业；作业高度在 30m 以上时，称为特级高处作业。

3. 建筑施工中高处作业的类型

建筑施工中的高处作业主要包括临边、洞口、攀登、悬空、交叉等五种基本类型，这些类型的高处作业是高处作业伤亡事故可能发生的主要地点。

4. 安全带的类型

建筑施工中常用的安全带是全方位安全带，又称为五点式安全带，采用高强度涤纶织带或更高强度纤维材质加工而成的。金属配件表面应光洁，无麻点和裂纹，且经过 48 小时盐雾试验无腐蚀。配件均采用锻造和冲压，无焊接。安全带是高处作业人员预防坠落伤亡的防护用品。

5. 安全带的正确穿戴方式

第一步穿戴背带；第二步系紧胸带；第三步系紧腿带；第四步系紧腰带；第五步链接带体与安全绳。

6. 安全带的报废

安全带的使用期为 3～5 年。使用者在使用过程中发现安全带异常应按照要求报废。以主部件不损坏为基本要求，如发现主部件有破损变质情况应及时反映，并停止使用，以保操作安全。安全带在半年至 1 年内要试验一次。

# 工作任务三　施工现场消防事故

**案例一:**2009 年 2 月某日晚，在建的某文化中心发生特大火灾。北京市消防中心调动 16 个中队、54 辆消防车赶赴救灾，北京市委书记刘淇、北京市市长郭金龙赴现场指挥救援，大火于翌日凌晨救熄。

火灾致使消防战士张某牺牲，另有多人受伤，造成直接经济损失 1.6 亿元。事故后 70 余人受到责任追究，案件首犯徐某因危险物品肇事罪和贪污受贿罪被判处有期徒刑 20 年。

2009 年 1 月中旬，新址办主任徐某通过北京某传媒科技公司总经理沙某联系烟花公司，购买了价值 35 万元的大型礼花，并用厢式货车运送至央视新址存放。2009 年 1 月 19 日，办公室下发《关于春节期间禁放烟花爆竹的通知》，明确指出新址属于禁放烟花场所，春节期间院内外及周边地区禁止燃放烟花爆竹。而根据北京市规定，燃放 A 类烟花（大型礼花）必须经过市政府批准。但徐某无视规定，擅自决定在元宵节组织部门同事燃放大型烟花。2 月 9 日晚，大型烟花燃放过程中引发特大火灾。

2009 年 2 月 9 日晚，新址办主任徐某、新址办员工及家属 200 余人赶到院内观看烟花，大型高射炮礼花吸引众多市民驻足，一度导致交通堵塞。期间有交警到现场要求停止燃放烟花，但被徐某拒绝。晚 8 点半，礼花弹爆炸后高温星体落入文化中心建筑顶部擦窗机检修孔内，引燃检修通道内壁的易燃材料，引发大火。

央视大火案造成 1 名消防队员牺牲、6 名消防员和 2 名施工人员受伤。救灾过程耗费大量人力物力，建筑物过火过烟面积 2.1 万平方米，造成直接经济损失 1.64 亿元。

**案例二：**2022 年的一天，陕西延安的某一工地宿舍起火，现场浓烟滚滚，消防救援人员到场后发现，起火房屋为上下 2 层泡沫彩钢板房。过火面积约为 200 平方米，左侧房屋已经坍塌，火势仍在蔓延，周围还有大量彩钢房，一旦火势失控，后果不堪设想。消防员立即分成两组救援，一组对现场进行警戒，疏散周围围观群众。另一组消防员，用 2 支水枪进行灭火救援。由于房屋坍塌严重，影响扑救，消防员立即协调工地挖土机，对房屋进行破拆，利用水枪与挖土机配合，进行扑救。经过 40 分钟左右，明火被全部扑灭。

## 【工作任务】

1. 分析案例一和案例二火灾事故发生的原因。

2. 针对建筑工程施工中消防事故发生的原因，提出相应的整改措施。

## 【工作目标】

1. 培养生产企业安全管理人员的专业水平和业务能力。

2. 培养生产企业安全管理人员分析问题解决问题的能力。

3. 培养团队意识和合作意识。

## 【任务分组】

本任务的分组可以参照表 3 - 1。

**表 3 - 1　　任务分组参照表**

| 分　组 | 任务分配 | 负责人 | 成　员 |
| --- | --- | --- | --- |
| 组 1 | 任务 1：分析案例一事故的原因 | | |
| | 任务 2：分析案例二事故的原因 | | |
| | 任务 3：提出相应的整改措施 | | |
| 组 2 | 任务 1：分析案例一事故的原因 | | |
| | 任务 2：分析案例二事故的原因 | | |
| | 任务 3：提出相应的整改措施 | | |
| 组 3 | 任务 1：分析案例一事故的原因 | | |
| | 任务 2：分析案例二事故的原因 | | |
| | 任务 3：提出相应的整改措施 | | |
| …… | …… | …… | …… |

## 【引导问题】

1. 建筑工程施工现场都有哪些动火作业？请举例。
2. 施工单位的消防施工的质量和安全责任？
3. 常用的消防设备、器材都有哪些？
4. 如果你所在的宿舍不幸发生了火灾，你会怎么做？

## 【工作计划】

背景介绍—布置工作任务—任务分组—安全虚拟体验中心：“VR”虚拟现实体验设备体验“火灾事故”；安全实体体验中心：消防用品展示、火灾自动报警及湿式自动喷水系统体验、室内、室外消火栓系统体验、全景三维灭火模拟体验、安全逃生绳体验、火灾成因试验台 & 电气火灾短路试验台—查阅相关触电事故的资料、讨论问题、总结汇总、完成填写实训报告手册—每组负责人汇报本组成果—小组互评—教师评价

## 【进度决策】

本工作任务计划共 8 学时，进度可参照表 3 - 2 进行。

**表 3 - 2　　进度决策表**

| 进　度 | 学　时 |
| --- | --- |
| 任务案例背景介绍 | 1 |
| 布置工作任务、任务分组 | |
| 安全虚拟体验中心：“VR”虚拟现实体验设备体验“火灾事故” | 1 |

续表

| 进　　度 | 学　时 |
|---|---|
| 安全实体体验中心：消防用品展示、火灾自动报警及湿式自动喷水系统体验、室内、室外消火栓系统体验、全景三维灭火模拟体验、安全逃生绳体验、火灾成因试验台 & 电气火灾短路试验台 | 2 |
| 查阅资料、讨论问题、总结汇总、完成实训报告手册 | 2 |
| 小组负责人汇报本组成果 | 1 |
| 小组互评 | 1 |
| 教师评价 | |
| 共计 | 8 |

## 【工作实施】

### 一、消防用品

#### （一）体验内容

常见消防器材展示，如室外地上消火栓、室内消火栓、空气呼吸器、消防手动报警按钮等。

#### （二）准备环节

本体验环节开始前推荐阅读以下参考资料：①《中华人民共和国消防法》；②《消防应急照明和疏散指示系统》（GB 17945—2010）；③《建筑消防设施的维护管理》（GB 25201—2010）；④《建筑火灾逃生避难器材 第 2 部分：逃生缓降器》（GB 21976.2—2012）；⑤《建筑火灾逃生避难器材 第 3 部分：逃生梯》（GB 21976.3—2012）；⑥《建筑火灾逃生避难器材 第 6 部分：逃生绳》（GB 21976.6—2012）；⑦《建筑火灾逃生避难器材 第 7 部分：过滤式消防自救呼吸器》（GB 21976.7—2012）。

#### （三）体验式教学内容

本体验环节的主要目的是认识各类消防用品。

1. 消防器材的管理基本要求

一是定点摆放，不能随意挪动。二是定期对灭火器进行普查换药，定期巡查消防器材，保证处于完好状态。三是定人管理，经常检查消防器材，发现丢失、损坏应立即上报领导及时补充，做到消防器材管理责任到人。

常见的手提式灭火器有三种：手提式干粉灭火器、手提式二氧化碳灭火器和手提式卤代型灭火器，其中卤代型灭火器由于对环境保护有影响，已不提倡使用。在宾馆、饭店、影剧院、医院、学校等公众聚集场所使用的多数是磷酸铵盐干粉灭火器，在加油站、加气站等场所使用的是碳酸氢钠干粉灭火器。根据二氧化碳既不能燃烧，也不能支持燃烧的性质，人们研制了各种各样的二氧化碳灭火器，有泡沫灭火器、干粉灭火器及液体二氧化碳灭火器、风力灭火器。

2. 消防器材的分类

（1）灭火器具包含：七氟丙烷灭火装置、二氧化碳灭火器、1211 灭火器、干粉灭火器、酸碱泡沫灭火器、四氯化碳灭火器、灭火器挂具、机械泡沫灭火器、水型灭火器、其他灭火器具等。

灭火器是一种可由人力移动的轻便灭火器具，它能在其内部压力作用下，将所充装的灭火剂喷出，用来扑救火灾。灭火器种类繁多，其适用范围也有所不同，只有正确选择灭火器的类型，才能有效地扑救不同种类的火灾，达到预期的效果。我国现行的国家标准将灭火器分为手提式灭火器和车推式灭火器。

（2）消火栓包括室内消火栓系统和室外消火栓系统。室内消火栓系统包括室内消火栓、水带、水枪。室外消火栓包括地上和地下两大类，室外消火栓在大型石化消防设施中用得比较广泛，由于地区的安装条件、使用场地不同，受到不同限制，石化消防水系统已多数采用稳高压水系统，消火栓也由普通型渐渐转化为可调压型消火栓。

（3）破拆工具类，包括消防斧、切割工具等。

消防系统，如火灾自动报警系统、自动喷水灭火系统、防排烟系统、防火分隔系统、消防广播系统、气体灭火系统、应急疏散系统等。

3. 报警类消防器材

（1）火灾探测器。火灾探测器具体包括感温火灾探测器、感烟火灾探测器、复合式感烟感温火灾探测器、紫外火焰火灾探测器、可燃气体火灾探测器、红外对射火灾探测器。

（2）报警按钮。报警按钮包括手动火灾报警按钮、消火栓按钮。

（3）报警器。报警器包括火灾声报警器、火灾光报警器、火灾声光报警器。

（4）火灾报警控制器。

（5）多功能报警器。火灾报警控制器包括报警主机、显示器、直接控制盘、总线制操作盘、电源盘，消防电话总机、消防应急广播系统。

### （四）应知应会

（1）常见消防用品的适用环境。

（2）消防用品的维护保养要求。

（3）认识火灾的分类。

（4）消防用品适用的国家和行业标准。

（5）消防器材一旦失效，将会有哪些潜在危害？

（6）作为一名专业的安全管理人员，应该如何管理消防器材？

### （五）危险源识别

例如采用作业安全分析法分析消防器材管理中常见的危险源及控制措施，典型的危险源如表 3－3 所示。

**表 3－3　　消防器材危险源**

| 类别 | 细　项 | 危 险 源 识 别 |
|---|---|---|
| 报警类 | 探头类 | 探头感应不灵敏，不能及时引发报警器 |
| | 报警器 | 报警器声音过小或无响声，无法及时发出警报 |
| | 手动警铃等手动报警 | 手动警铃信号不通，无法传输到控制室或引发警报 |
| | 电话对讲机等视讯报警 | 移动设备报警，不能快速准确描述火灾地点 |

续表

| 类别 | 细　项 | 危 险 源 识 别 |
| --- | --- | --- |
| 灭火类 | 灭火器 | 配备数量不足、保护半径不足、选用灭火类型错误、取用时被遮挡，延误灭火时机 |
| | 消防栓 | 保护半径不足、水压过低、消防配件丢失、遮挡，增加灭火难度 |
| | 喷淋 | 安装位置错误，误触发引发财产损失或连锁电气事故；覆盖范围不足，不能及时消灭初期火灾 |
| | 消防砂 | 配备不足或消防铲等工具维护不当，不能及时灭火；错误用在可能发生爆炸的火灾场所，引发更严重事故 |
| | 消防斧等破拆工具 | 配备不足，不能及时打开消防栓灭火；不能及时破开逃生门逃生 |
| 防护类 | 呼吸用品类 | 不符合火灾使用场景或缺少维护，危及救灾人员生命安全，容易发生中毒窒息 |
| | 安全帽、安全绳 | 不符合火灾使用场景或缺少维护，危及救灾人员生命安全，容易发生高处坠落、碰头 |
| | 照明和警示灯带 | 不符合火灾使用场景或缺少维护，影响救灾逃生和灾后隔离 |
| | 反光背心等 | 不符合火灾使用场景或缺少维护，危及救灾人员生命安全 |
| | 防火服 | 不符合火灾使用场景或缺少维护，危及救灾人员生命安全 |
| 急救类 | 烧伤、消炎等急救药品 | 药品缺失或过期，延误救治时机 |
| | 绷带、担架等急救用品 | 用品缺失或损坏，延误救治时机 |

## 二、火灾自动报警及湿式自动喷水系统体验

### （一）体验内容

该系统是由楼宇内的消防器材设施的工作原理动画视频、模拟火灾自动报警控制系统以及喷淋灭火三个部分组成。它将楼宇自动报警与联动控制系统（实物），通过动画、自动控制技术集成在一起，使得观众通过动画演示，直观、清晰、全面地了解系统的工作原理。通过报警及设备联动，看到系统在楼宇的作业情况，从而在有限的空间快速直观全面地学习该方面的知识。通过该系统的演示，使观众对整个楼宇固定消防设施的工作原理、联动的终端设施的动作有直观、整体的认识。了解发生火灾后楼宇内烟气的流动原理以及烟气的危害。

### （二）准备环节

本体验环节开始前推荐阅读以下参考资料：①《独立式感温火灾探测报警器》（GB 30122—2013）；②《火灾自动报警系统组件兼容性要求》（GB 22134—2008）；③《火灾声和/或光警报器》（GB 26851—2011）；④《消防安全工程 第 3 部分：火灾风险评估指南》（GB/T 31593.3—2015）；⑤《手动火灾报警按钮》（GB 19880—2005）；⑥《自动喷水灭火系统 第 1 部分：洒水喷头》（GB 5135.1—2019）；⑦《自动喷水灭火系统 第 2 部分：湿式报警阀、延迟器、水力警铃》（GB 5135.2—2003）。

### （三）体验式教学内容

1. 火灾自动报警系统的基本组成

火灾自动报警系统的组成基本设施有多种多样，具体组成部分的名称也有所不同。但是无论怎么划分，火灾自动报警系统基本可概括为触发器件、火灾报警装置、火灾警报装置和电源四部分，对于复杂系统还包括消防控制设备，见表 3-4。

表 3-4　　火灾自动报警系统的基本组成部分

| 火灾报警系统 | | | | |
|---|---|---|---|---|
| 触发器件 | 火灾报警装置 | 火灾警报装置 | 电源 | 控制装置 |
| 手动报警按钮<br>火灾探测器 | 探测器报警控制装置<br>火灾报警控制器 | 火灾显示灯<br>火灾报警器<br>声，光显示器 | | 消防泵控制装置<br>喷淋泵控制装置<br>电梯迫降装置 |

（1）触发装置（输入模块：把信号进行翻译）。在火灾自动报警系统中，自动或手动产生火灾报警信号的器件称为触发器件，主要包括火灾探测器和手动报警按钮。火灾探测器件是能对火灾参数（如烟、温度、光、火焰辐射、气体浓度等）响应，并自动产生火灾报警信号的器件，按响应火灾参数的不同，火灾探测器可分成感烟火灾探测器、感温火灾探测器、感光火灾探测器、可燃气体探测器、复合火灾探测器五种基本类型。不同类型的火灾探测器适用于不同的火灾和场合。手动报警按钮是手动方式产生火灾报警信号的器件，也是火灾自动报警系统中不可缺少的组成部分之一。

现代消防设备设施中的重要部件，如自动喷水灭火系统中的压力开关、水流指示器、供水阀门等其所处的状态直接反映出系统的当前状态，关系到灭火行动的成败。因此，很多工程实践中已将此类与火灾有关的信号通过转换设备传送至火灾报警控制器。

（2）火灾报警装置。在火灾自动报警系统中，用以接收、显示和传递火灾报警信号，并能发出控制信号和具有其他辅助功能的控制指示设备称为火灾报警装置。火灾报警控制器就是其中最基本的一种。火灾报警控制器担负着为火灾探测器提供稳定的工作电源，监视探测器及系统自身的工作状态，接收、转换、处理火灾探测器输出的报警信号，进行声光报警，指示报警的具体部位及时间，同时执行相关的辅助控制等诸多任务，是火灾报警系统中的核心组成部分。

在火灾报警装置中，还有一些如中继器、区域显示器、火灾显示盘等功能不完整的报警装置，它们可视为火灾报警控制器的演变或补充。它们在特定条件下应用，与火灾报警控制器同属于报警装置。

火灾报警控制器的基本功能主要有：主电源、备用电源自动转换；备用电源充电；电源故障检测；电源工作状态指示；为探测器回路供电；控制器或系统故障声光报警、火灾声光报警、火灾报警记忆；时钟单元；火灾报警优先故障报警；声报警、音响消音以及再次声响报警。

（3）火灾警报装置。在火灾自动报警系统中，用以发出区别于环境声、光的火灾警报信号的装置称为火灾警报装置。声光报警器就是一种最基本的火灾装置，通常与火灾报警控制器（如区域显示器，火灾显示盘，集中火灾报警器）组合在一起，它以声光方式向报警区域发出火灾报警信号，以提醒人们展开完全疏散、灭火救灾等行动。

警铃、讯响器也是一种火灾报警装置。火灾时，它们接收由火灾报警装置通过控制模块、中间继电器发出的控制信号，发出有别于环境声音的音响，它们大多安装于建筑物的公共空间部分，如走廊、大厅。

（4）电源。火灾自动报警系统属于消防用电设备，其主要电源应当采用消防电源，备用电源一般采用蓄电池组。系统电源除为火灾报警控制器供电外，还为与系统相关的消防控制设备等供电。

（5）控制装置。在火灾自动报警系统中，当接收到来自触发器件的火灾信号后，能自动或手动启动相关消防设备并显示其工作状态的装置。主要包括：火灾报警联动一体机；自动灭火系统的控制装置；室内消火栓的控制装置；防排烟控制系统及空调通风系统的控制装置；常开防火门，防火卷帘的控制装置；电梯迫降控制装置；火灾应急广播，火灾报警装置，消防通信设备，火灾应急照明及疏散指示标志的控制装置等控制装置中的部分或全部。控制装置一般设置在消防控制中心，以便于实行集中统一控制。如果控制装置位于被消防设备所在现场，其动作信号则必须返回消防控制室，以便实行集中与分散相结合的控制方式。

也可将火灾报警系统的组成形式按火灾报警控制器、火灾探测器、按钮、模块、报警器、联动控制盘、楼层火灾显示盘等设备进行划分。其中火灾报警系统核心为火灾报警控制器，其主要外部设备为火灾探测器及模块。

2. 火灾自动报警系统的工作原理

火灾初期所产生的烟和少量的热被火灾探测器接收，将火灾信号传输给区域报警控制器，发出声光报警信号；区域（或集中）报警控制器的输出外控接点动作，自动向失火层和有关层发出报警及联动控制信号，并按程序对各消防联动设备完成启动、关停操作（也可由消防人员动手完成）。该系统能自动（手动）发现火情并及时报警，以控制火灾的发展，将火灾的损失减到最低限度。

3. 湿式自动喷水系统简介

由消防水池、主泵、备用泵、湿式报警阀、信号闸阀、压力开关、闭式喷头、水流指示器、末端试水装置、管道和电控柜等组成。如图 3－1 所示。系统的管道内充满有压水，一旦发生火灾，喷头动作后立即喷水。

4. 湿式自动喷水系统工作原理

火灾发生的初期，建筑物的温度随之不断上升，当温度上升到闭式喷头温感元件爆破或熔化脱落时，喷头自动喷水灭火。

5. 湿式系统使用范围

在环境温度不低于 4℃、不高于 70℃的建筑物和场所（不能用水扑救的建筑物和场所除外）都可以采用湿式系统。该系统局部应用时，适用于室内最大净空高度不超过 8m、总建筑面积不超过 1000 m$^2$的民用建筑中的轻危险级或中危险级Ⅰ级需要局部保护

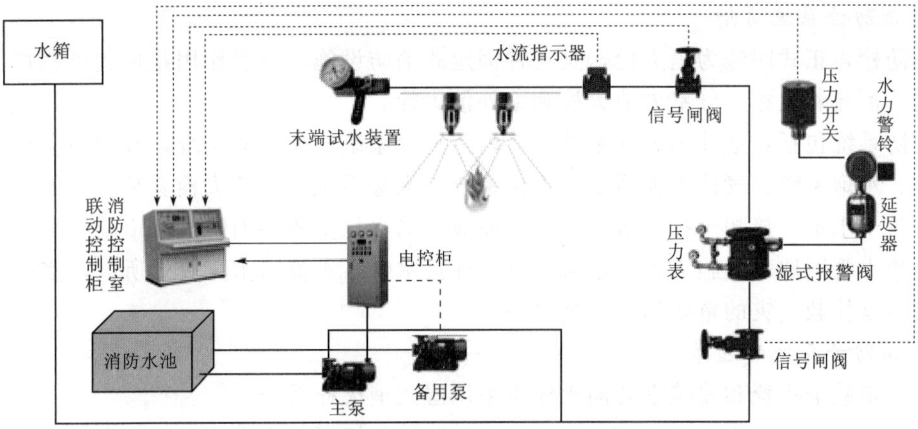


图 3-1 典型的湿式自动喷水系统

的区域。

6. 湿式系统特点

湿式系统特点如下：①结构简单，使用可靠；②系统施工简单、灵活方便；③灭火速度快、控火效率高；④系统投资省，比较经济；⑤适用范围广。占整个自动喷水灭火系统的75%以上，适合安装在能用水灭火的建筑物、构筑物内。

**（四）应知应会**

（1）火灾自动报警系统的基本组成部分。

（2）火灾自动报警系统的工作原理。

（3）湿式自动喷水系统基本组成。

（4）湿式自动喷水系统工作原理。

**（五）危险源识别**

通过学习了解火灾自动报警及湿式自动喷水系统的工作原理并识别火灾自动报警及湿式自动喷水系统的危险源。消防系统的主要危险源可从其重要性及失效后的严重后果去考虑。

## 三、室内、室外消火栓系统体验

**（一）体验内容**

通过视频动画和知识展板的介绍，学习体验室内外消防栓的使用方法等。

**（二）准备环节**

本体验环节开始前推荐阅读以下参考资料：①《消防给水及消火栓系统技术规范》（GB 50974—2014）；②《室外消火栓及消防水鹤安装》（13S201）；③《室内消火栓安装》（15S202）；④《消火栓箱》（GB/T 14561—2019）；⑤《室内消火栓》（GB 3445—2018）；⑥《室外消火栓》（GB 4452—2011）。

### （三）体验式教学内容

1. 消防栓系统简介

消防栓，正式叫法为消火栓，是一种固定式消防设施，主要作用是控制可燃物、隔绝助燃物、消除着火源，分室内消火栓和室外消火栓。

消防系统包括：室外消火栓系统、室内消火栓系统、灭火器系统，有的还会有自动喷淋系统、水炮系统、气体灭火系统、火探系统、水雾系统等。消火栓套装一般由消防箱＋消防水带＋水枪＋接扣＋栓＋卡子等组合而成，消火栓主要供消防车从市政给水管网或室外消防给水管网取水实施灭火，也可以直接连接水带、水枪出水灭火。所以，室内外消火栓系统也是扑救火灾的重要消防设施之一。

2. 消防栓系统的选择

（1）市政消火栓和建筑室外消火栓应采用湿式消火栓系统。

（2）室内环境温度不低于 4℃，且不高于 70℃的场所，应采用湿式室内消火栓系统。

（3）室内环境温度低于 4℃，或高于 70℃的场所，宜采用干式消火栓系统。

（4）建筑高度不大于 27m 的多层住宅建筑设置室内湿式消火栓系统确有困难时，可设置干式消防竖管、SN65 的室内消火栓接口和无止回阀和闸阀的消防水泵接合器。

（5）严寒、寒冷等冬季结冰地区城市隧道及其他构筑物的消火栓系统，应采取防冻措施，并宜采用干式消火栓系统和干式室外消火栓。

（6）干式消火栓系统的充水时间不应大于 5min，干式消火栓系统如同干式自动喷水灭火系统，当采用雨淋阀时为半自动系统，当采用干式报警阀时为自动干式系统。设置雨淋阀和干式报警阀的目的是为了接通或关断间消火栓管道系统的供水，并通过压力开关向消防控制室报警。为使干式系统快速充水转换成湿式系统在系统管道的最高处设置自动快速排气阀。有时干式消火栓系统也采用电磁阀和电动启动阀门，电磁阀的启动时间是及时性的，但电动阀的启动时间过长会影响消防给水的及时性，为此规定电动阀的启动时间不应超过 30s，电磁阀的形式很多，有些电磁的弹簧浸泡的水中时间长了会造成可靠性降低，因此应采用弹簧非浸泡在水中的弹簧。另外电磁阀一般应选择失电开启型，且宜有紧急断电启动按钮。

3. 市政消火栓

（1）市政消火栓宜采用地上式室外消火栓；在严寒、寒冷等冬季结冰地区宜采用干式地上式室外消火栓，严寒地区宜设置消防水鹤。当采用地下式室外消火栓，且地下式室外消火栓的取水口在冰冻线以上时，应采取保温措施。

（2）市政消火栓宜采用直径 DN150 的室外消火栓，市政消火栓是城乡消防水源的供水点，除提供其保护范围内灭火用的消防水源外，还要担负消防车加压接力供水对其保护范围外的火灾扑救提供水源支持，故规定市政消火栓宜采用 DN150 的室外消火栓。

（3）市政消火栓宜在道路的一侧设置，并宜靠近十字路口，但当市政道路宽度超过 60m 时，应在道路的两侧交叉错落设置市政消火栓。

（4）市政桥桥头和隧道出入口等市政公用设施处，应设置市政消火栓。

（5）市政消火栓的保护半径不应超过 150m，且间距不应大于 120m。

（6）市政消火栓应布置在消防车易于接近的人行道和绿地等地点，且不应妨碍交通，为便于消防车从消火栓取水和保证市政消火栓自身和使用时人身安全，规定距路边在0.5～2m范围内设置，距建筑物外墙不宜小于5m。地上式市政消火栓被机动车撞坏的事故时有发生，简便易行的防撞措施是在消火栓的两边设置金属防撞桩。

（7）市政给水管网的阀门设置应便于市政消火栓的使用和维护，并应符合《室外给水设计规范》（GB 50013—2018）的有关规定。

（8）设有市政消火栓的给水管网平时运行工作压力不应小于0.14MPa，消防时水力最不利消火栓的出流量不应小于15L/s，且供水压力从地面算起不应小于0.10MPa。

（9）严寒地区在城市主要干道上设置消防水鹤的布置间距宜为1000m，连接消防水鹤的市政给水管的管径不宜小于DN200。

（10）消防时消防水鹤的出流量不宜低于30L/s，且供水压力从地面算起不应小于0.10MPa。

（11）地下式市政消火栓应有明显的永久性标志。当采用地下式市政消火栓时应有明显的永久性标志，以便于消防队员查找使用。

4. 室外消火栓

（1）建筑室外消火栓的布置应符合市政消火栓的有关规定。

（2）建筑室外消火栓的数量应根据室外消火栓设计流量和保护半径经计算确定，保护半径不应大于150m，每个室外消火栓的出流量宜按10～15L/s计算。建筑室外消火栓的布置数量应根据室外消火栓设计流量、保护半径和每个室外消火栓的给水量经计算确定。

（3）室外消火栓宜沿建筑周围均匀布置，且不宜集中布置在建筑一侧；建筑消防扑救面一侧的室外消火栓数量不宜少于2个。

（4）人防工程、地下工程等建筑应在出入口附近设置室外消火栓，且距出入口的距离不宜小于5m，并不宜大于40m。

（5）停车场的室外消火栓宜沿停车场周边设置，且与最近一排汽车的距离不宜小于7m，距加油站或油库不宜小于15m。

（6）甲、乙、丙类液体储罐区和液化烃罐罐区等构筑物的室外消火栓，应设在防火堤或防护墙外，数量应根据每个罐的设计流量经计算确定，但距罐壁15m范围内的消火栓，不应计算在该罐可使用的数量内。

（7）工艺装置区等采用高压或临时高压消防给水系统的场所，其周围应设置室外消火栓，数量应根据设计流量经计算确定，且间距不应大于60.0m。当工艺装置区宽度大于120.0m时，宜在该装置区内的路边设置室外消火栓。

（8）当工艺装置区、罐区、可燃气体和液体码头等构筑物的面积较大或高度较高，室外消火栓的充实水柱无法完全覆盖时，宜在适当部位设置室外固定消防炮。

（9）当工艺装置区、储罐区、堆场等构筑物采用高压或临时高压消防给水系统时，布置间距根据水带长度和充实水柱有效长度确定。

（10）室外消防给水引入管当设有减压型倒流防止器时，应在减压型倒流防止器前设置1个室外消火栓。

5. 室内消火栓

(1) 室内消火栓的选型应根据使用者、火灾危险性、火灾类型和不同灭火功能等因素综合确定。

(2) 室内消火栓的选用应符合要求：

1) 室内消火栓 SN65 可与消防软管卷盘一同使用。

2) SN65 的消火栓应配置公称直径 65mm，有内衬里的消防水带，每根水带的长度不宜超过 25m；消防软管卷盘应配置内径不小于 $\phi 19$ 的消防软管，其长度宜为 30m。

3) SN65 的消火栓宜配当量喷嘴直径 16mm 或 19mm 的消防水枪，但当消火栓设计流量为 2.5L/s 时宜配当量喷嘴直径 11mm 或 13mm 的消防水枪；消防软管卷盘应配当量喷嘴直径 6mm 的消防水枪。

(3) 设置室内消火栓的建筑，包括设备层在内的各层均应设置消火栓。

(4) 屋顶设有直升机停机坪的建筑，应在停机坪出入口处或非电器设备机房处设置消火栓，且距停机坪机位边缘的距离不应小于 5m。

(5) 消防电梯前室应设置室内消火栓，并应计入消火栓使用数量。

(6) 室内消火栓的布置应满足同一平面有 2 支消防水枪的 2 股充实水柱同时达到任何部位的要求，且楼梯间及其休息平台等安全区域可仅与一层视为同一平面。但当建筑高度小于等于 24m 且体积小于等于 5000$m^3$ 的多层仓库，可采用 1 支水枪充实水柱到达室内任何部位。

(7) 建筑室内消火栓的设置位置应满足火灾扑救要求。

(8) 建筑室内消火栓栓口的安装高度应便于消防水龙带的连接和使用，其距地面高度宜为 1.1m；其出水方向应便于消防水带的敷设，并宜与设置消火栓的墙面成 90°角或向下。

(9) 设有室内消火栓的建筑应设置带有压力表的试验消火栓。

(10) SN25（消防卷盘）用水量可以不计入消防用水总量，只要求室内地面任何部位有 1 股水流能够到达就可以了。

(11) 室内消火栓栓口压力和消防水枪充实水柱应符合规定。

(12) 当住宅采用干式消防竖管时，干式消防竖管平时无水，火灾发生后由消防车通过首层外墙接口向室内干式消防竖管供水，消防队员用自携水龙带接驳竖管上的消火栓口投入火灾扑救。为尽快供水灭火，干式消防竖管顶端应设自动排气阀。

(13) 住宅户内宜在生活给水管道上预留 1 个接 DN20 消防软管的接口或阀门。

(14) 跃层住宅和商业网点的室内消火栓应至少满足 1 股充实水柱到达室内任何部位，并宜设置在户门附近。

(15) 城市隧道室内消火栓系统的设置应符合相关技术规定。

**(四) 应知应会**

(1) 了解消防栓的工作原理。

(2) 了解常用消防栓的使用。

**(五) 危险源识别**

通过学习了解消火栓的工作原理，识别消防栓系统的危险源。消防栓危险源见表

3－5。

表 3－5　消防栓危险源

| 类别 | 细　项 | 危险源识别 |
|---|---|---|
| 消火栓 | 消防栓箱 | 室内消火栓箱内有杂物损坏 |
| | 供水阀门 | 消火栓和消防卷盘供水闸阀漏水，密封圈损坏 |
| | 附件 | 消防水枪、水带、消防卷盘附件应缺失，卷盘转动不灵活 |
| | 报警按钮 | 报警按钮无效、指示灯不亮 |
| | 外观 | 消火栓箱及箱内装配的部件外观破损、涂层脱落，部分箱门玻璃缺损 |
| | 机动部位 | 消火栓、供水阀门及消防卷盘等部分转动部位不灵活 |

## 四、全景三维灭火模拟体验

### （一）体验内容

采用激光传感检测装置和 3D 技术完成消防实训系统。运用虚拟现实技术制作各种类型模拟火灾三维场景，并根据火灾类型进行虚拟灭火操作。（融合不同灭火器，在不同场景下的使用，如气体灭火器、干粉灭火器等。）

### （二）准备环节

本体验环节开始前推荐学生阅读以下参考资料：①《手提式灭火器 第 1 部分：性能和结构要求》（GB 4351.1—2005）；②《干粉灭火剂》（GB 4066—2017）；③《二氧化碳灭火剂》（GB 4396—2005）；④《A 类泡沫灭火剂》（GB 27897—2011）；⑤《泡沫灭火剂》（GB 15308—2006）；⑥《惰性气体灭火剂》（GB 20128—2006）；⑦《干粉灭火系统及部件通用技术条件 强制性国家标准》（GB 16668—2010）；⑧《二氧化碳灭火系统及部件通用技术条件 强制性国家标准》（GB 16669—2010）。

### （三）体验式教学内容

1. 灭火器材的选择

（1）扑救 A 类火灾应选用水型、泡沫、磷酸铵盐干粉、卤代烷型灭火器。A 类火灾指固体物质火灾。这种物质往往具有有机物性质，一般在燃烧时能产生灼热的余烬，如木材、棉、毛、麻、纸张火灾等。

（2）扑救 B 类火灾应选用干粉、泡沫、卤代烷、二氧化碳型灭火器（这里值得注意的是，化学泡沫灭火器不能灭 B 类极性溶性溶剂火灾，因为化学泡沫与有机溶剂接触，泡沫会迅速被吸收，使泡沫很快消失，这样就不能起到灭火的作用。醇、醛、酮、醚、酯等都属于极性溶性溶剂）。B 类火灾指液体火灾和可熔化的固体物质火灾，如汽油、煤油、原油、甲醇、乙醇、沥青等。

（3）扑救 C 类火灾应选用干粉、卤代烷、二氧化碳型灭火器。C 类火灾指气体燃烧的火灾，如煤气、天然气、甲烷、乙烷等。

（4）就我国情况来说，还没有定型的扑救 D 类火灾的灭火器产品。国外灭 D 类的灭火器主要有粉状石墨灭火器和灭金属火灾专用干粉灭火器。在国内尚未定型生产灭火器和灭火剂珠情况下可采用干砂或铸铁沫灭火。D 类火灾指金属火灾，如钾、钠、镁、钛、铝镁合金等。

(5) 扑救E类火灾应选用磷酸按盐干粉、卤代烷型灭火器。E类火灾指带电物体的火灾，如发电机房、变压器室、配电间、仪器仪表间和电子计算机房等在燃烧时不能及时或不宜断电的电气设备带电燃烧的火灾。

(6) F类火灾即烹饪器具内的烹饪物（动植物油脂）火灾。灭火时忌用水、泡沫及含水性物质，应使用窒息灭火方式隔绝氧气进行灭火。

2. 消防器材安全管理要点

(1) 室内消火栓系统、火灾自动报警系统、自动喷水灭火系统、防排烟系统等自动消防设施应当定期检测、调试、维修和更换，并按时认真填写检查、检测、维修保养记录。

(2) 每年要到专门检测机构（省、市检测中心）进行全面检查测试，并出具检测报告，存档备查。

(3) 未经公安消防机构同意，不得擅自停用消防设施。

(4) 单位应当按照有关规定定期对灭火器进行维护保养和维修检查。对灭火器应当建立档案资料，记明配置类型、数量、设置位置、检查维修单位（人员）、更换药剂的时间等有关情况。

(5) 单位应当保障疏散通道、安全出口畅通，并设置符合国家规定的消防安全疏散指示标志和应急照明设施，保持防火门、防火卷帘、消防安全疏散指示标志、应急照明、机械排烟送风、火灾事故广播等设施处于正常状态。

(6) 严禁下列行为：①占用疏散通道；②在安全出口或者疏散通道上安装栅栏等影响疏散的障碍物；③在营业、生产、教学、工作等期间将安全出口上锁、遮挡或者将消防安全疏散指示标志遮挡、覆盖；④其他影响安全疏散的行为；⑤火灾自动报警、自动喷水灭火系统、防排烟等自动消防设施和灭火器材应当定期检测、调试、维修和更换，并按时认真填写检查、检测、维修保养记录。未经公安消防机构同意，不得擅自停用消防设施。

**（四）应知应会**

(1) 如何建立一套完善的消防安全管理体系。

(2) 常用灭火器材的选用。

(3) 针对不同场所，如何规划消防器材的配置。

(4) 消防安全管理常见的问题。

**（五）危险源识别**

可以使用作业安全分析法分析消防安全中常见的危险源及控制措施，典型的危险源见表3-6。

**表3-6　　消防事故危险源识别**

| 类别 | 细　项 | 危 险 源 识 别 |
|---|---|---|
| 起火 | 可燃物 | 可燃物管理不善，乱堆乱放、防护不当或泄漏 |
| | 助燃物 | 正常为氧气，富氧环境严格控制可燃物和点火源；相互反应燃烧的物质同库存放或接触 |
| | 点火源 | 点火源接触或靠近可燃物 |

续表

| 类别 | 细 项 | 危 险 源 识 别 |
|---|---|---|
| 成灾 | 初期 | 15min 内热辐射强度较低时，错失灭火良机 |
| | 发展 | 火焰和烟雾窜出，延误控制损失的最后时机 |
| | 猛烈 | 火灾已成定局，火势凶猛，甚至发生爆炸，危及灭火人员安全 |
| | 下降和熄灭 | 火势已被控制或燃烧结束，建筑框架倒塌 |
| 电气短路 | 错接零火线 | 错接零火线会使电路迅速发热，易起火 |
| | 接触不良打火 | 打火会引燃周围易燃物、可燃物 |
| | 接头或电子元件发热 | 电气线路发热，线路阻燃等级不足，引发火灾 |
| | 绝缘老化和磨损电打火 | 绝缘破损漏电和周围导电体之间打火，引燃周围易燃物、可燃物 |
| | 超负荷运转发热或线路起火 | 电气线路发热，线路阻燃等级不足，引发火灾 |
| | 火灾烧坏绝缘，反向导致电气短路 | 短路进一步增加火灾危险 |
| | 自然灾害或外力破坏 | 短路、发热、断路导致火灾、触电 |
| 火灾 | 电气短路 | 未穿管保护，或发热、打火引燃线路和周围可燃物 |
| | 可燃物 | 存放不当，距离打火点过近 |

**【评价反馈】**

1. 你认为消防事故中最难的是哪部分内容？

2. 完成任务过程中遇到哪些问题？怎样解决的？

**【相关知识点】**

## 一、灭火器的类型与选择

按其移动方式可分为：手提式和推车式；按驱动灭火剂的动力来源可分为：储气瓶式、储压式、化学反应式；按所充装的灭火剂可分为：泡沫、干粉、卤代烷、二氧化碳、清水等。

二氧化碳灭火器：采用液态二氧化碳为灭火装置，使用时需要先加压，然后再喷射出来，这样可以让火势隔绝空气，从而达到灭火目的，可用于档案资料、600V 以下电气设备的初起火灾等。

泡沫灭火器：采用碳酸氢钠和硫酸铝为制冷剂，使用时需要将灭火器倒过来，使得两种物质充分混合，产生泡沫，最后再喷射出来，使用范围很广，但是因为其介质导电，不能用来扑灭带电设备。

水基灭火器：内部灭火剂是将表面活性剂和纯净水搅拌，罐内处于液态形式，但在喷射后，会成水雾状，能够快速将火场中的热量蒸发，并形成水膜，达到灭火目的。

水型灭火器：灭火器内部充装水成膜泡沫灭火剂和氮气，能够起到双重灭火的效果，有效期很长，既可以用来扑灭固体初起火灾，又能扑灭液体初起火灾。

干粉灭火器：有两种情况，一种是普通干粉灭火器，粒子表面积大，灭火能力受到限制；另一种是超细干粉灭火器，内部粒子表面积小，所以灭火的效能更高。

清水灭火器：这种灭火器采用清洁的水为灭火剂，但因为清水灭火能力有限，所以通常还会在里面加入抗冻剂、润湿剂等，主要用来扑灭固体污渍火灾。

卤代烷灭火器：该类灭火剂品种较多，而我国只发展两种，一种是二氟一氯一溴甲烷和三氟一溴甲烷，简称 1211 灭火器、1301 灭火器。

1211 灭火器：采用二氟一氯一溴甲烷为制冷剂，在钢瓶内部是液态状，使用时通过氮气产生气压，然后将灭火器喷出完成灭火，效率很高，并且毒性很低，不会污染环境。

1301 灭火器：以三氟一溴甲烷为灭火剂，因为这种物质的沸点比较低，并且会产生很高的蒸汽压力，所以对筒体厚度要求较高，尤其不能跟 1211 灭火器筒体混合使用，容易爆炸。

## 二、带电灭火安全注意事项

有时，为了争取灭火时间，防止火灾扩大，来不及断电；或因灭火、生产等需要，不能断电，则需要带电灭火。带电灭火须注意以下几点：

（1）应按现场特点选择适当的灭火器。二氧化碳灭火器、干粉灭火器的灭火剂都是不导电的，可用于带电灭火。泡沫灭火器的灭火剂（水溶液）有一定的导电性，而且对电气设备的绝缘有影响，不宜用于带电灭火。

（2）用水枪灭火时宜采用喷雾水枪，这种水枪流过水柱的泄漏电流小，带电灭火比较安全。用普通直流水枪灭火时，为防止通过水柱的泄漏电流通过人体，可以将水枪喷嘴接地（即将水枪接入埋入接地体，或接向地面网络接地板，或接向粗铜线网络鞋套）；也可以让灭火人员穿戴绝缘手套、绝缘靴或穿戴均压服操作。

（3）人体与带电体之间保持必要的安全距离。用水灭火时，水枪喷嘴至带电体的距离：电压为 10kV 及其以下者不应小于 3m，电压为 220kV 及其以上者不应小于 5m。用二氧化碳等有不导电灭火剂的灭火器灭火时，机体、喷嘴至带电体的最小距离：电压为 10kV 者不应小于 0.4m，电压为 35kV 者不应小于 0.6m 等。

（4）对架空线路等空中设备进行灭火时，人体位置与带电体之间的仰角不应超过 45°。

（5）高压电气设备或线路发生火灾时，在室内，扑救人员不得进入距故障点 4m 以内范围；在室外，扑救人员不得接近距故障点 8m 以内范围。如进入上述范围，必须穿绝缘靴，需接触设备外壳或构架时应戴绝缘手套。

## 三、施工现场常见火灾成因

1. 焊接、切割

电焊、普通切割等产生的高温焊渣、火星是引发火灾的元凶。焊工在施工过程中稍有不慎，便会引燃周围的可燃物。电焊引发火灾，主要有以下几点原因：

（1）金属火花飞溅引燃周围可燃物。

（2）产生的高温因热传导引燃其他房间或部位的可燃物。

（3）焊接导线与电焊机、焊钳连接接头处理不当，松动打火。

（4）焊接导线（焊把线）选择不当，截面过小，使用过程中超负荷使绝缘损坏造成短路打火。

（5）焊接导线受压、磨损造成短路或铺设不当、接触高温物体或打卷使用造成涡流，过热失去绝缘短路打火。

（6）电焊回路线（搭铁线或接零线）过热引燃易燃物、可燃物。

（7）电焊回路线与电气设备或电网零线相连，电焊时大电流通过，将保护零线或电网零线烧断。

2. 电器、电路

在施工现场，大功率电器的使用、生活区内私拉乱接导致电线出现短路故障从而引发的火灾也不在少数。

漏电电流的热效应是引起火灾的元凶，漏电电流的电阻性发热和击穿性电弧作用，常常会引燃其作用点处的可燃物造成火灾。施工现场漏电的原因主要是电器安装不当、电气设备装备不当、线路缺乏维修保养而绝缘老化，或长期受到雨水、腐蚀气体的侵蚀、机械损伤等。例如，施工现场的输送机等大型露天用电设备，室外敷设的配电盘、电源开关、插座、电气线路等都容易发生漏电情况。

3. 用火不慎、遗留火种

施工人员的生活设施如烹饪、取暖、照明设备等使用不慎，或因吸烟乱丢烟头引燃周围可燃物起火，从而引发火灾。

## 四、防火间距

保持临时用房、临时设施与在建工程的防火间距是防止施工现场火灾相互蔓延的关键。

1. 临建用房与在建工程的防火间距

（1）人员住宿、可燃材料及易燃易爆危险品储存等场所严禁设置于在建工程内。

（2）易燃易爆危险品库房与在建工程应保持足够的防火间距。

（3）可燃材料堆场及其加工场、固定动火作业场与在建工程的防火间距不应小于 10m。

（4）其他临时用房、临时设施与在建工程的防火间距不应小于 6m。

2. 临建用房间的防火间距

（1）施工现场主要临时用房、临时设施的防火间距不应小于表 3－7 的规定。

**表 3－7　　施工现场主要临时用房、临时设施的防火间距**　　单位：m

| 名　称 | 办公用房、宿舍 | 发电机房变配电房 | 可燃材料库房 | 厨房操作间、锅炉房 | 可燃材料堆场及其加工厂 | 固定动火作业场 | 易燃易爆危险品库房 |
|---|---|---|---|---|---|---|---|
| 公用房、宿舍 | 4 | 4 | 5 | 5 | 7 | 7 | 10 |
| 发电机房、变配电房 | 4 | 4 | 5 | 5 | 7 | 7 | 10 |
| 可燃材料库房 | 5 | 5 | 5 | 5 | 7 | 7 | 10 |
| 厨房操作间、锅炉房 | 5 | 5 | 5 | 5 | 7 | 7 | 10 |
| 可燃材料堆场及其加工厂 | 7 | 7 | 7 | 7 | 7 | 10 | 10 |
| 固定动火作业场 | 7 | 7 | 7 | 7 | 10 | 10 | 10 |
| 易燃易爆危险品库房 | 10 | 10 | 10 | 10 | 10 | 12 | 12 |

1）临时用房、临时设施的防火间距应按临时用房外墙外边线或堆场、作业场、作业棚边线间的最小距离计算，如临时用房外墙有突出可燃构件时，应从其突出可燃构件的外缘算起。

2）两栋临时用房相邻较高一面的外墙为防火墙时，防火间距不限。

3）表 3－7 未规定的，可按同等火灾危险性的临时用房、临时设施的防火间距确定。

（2）当办公用房、宿舍成组布置时，其防火间距可适当减小，但应符合以下要求：

1）每组临时用房的栋数不应超过 10 栋，组与组之1司的防火间距不应小于 8m。

2）组内临时用房之间的防火间距不应小于 3.5m 当建筑构件燃烧性能等级为 A 级时，可减少到 3m。

（3）施工现场临时消防车道。施工现场需要设置消防车通道，同时布置相应的消防救援场地。临时消防通道设置要求如下：

1）施工现场内应设置临时消防车通道。同时，考虑灭火救援的安全以及供水的可靠，临时消防车通道与在建工程、临时用房、可燃材料堆场及其加工场的距离，不宜小于 5m，且不宜大于 40m。

2）施工现场周边道路满足消防车通行及灭火救援要求时，施工现场内可不设置临时消防车通道。

3）临时消防车通道宜为环形，如设置环形车道确有困难，应在消防车通道尽端设置尺寸不小于 12m×12m 的回车场。

4）临时消防车通道的净宽度和净空高度均不应小于 4m。

5）临时消防车通道的右侧应设置消防车行进路线指示标志。

6）临时消防车通道路基、路面及其下部设施应能承受消防车通行压力及工作荷载。

（4）临时消防救援场地的设置。

1）需设临时消防救援场地的施工现场：①建筑高度大于 24m 的在建工程；②建筑工程单体占地面积大于 $3000m^2$ 的在建工程；③超过 10 栋，且为成组布置的临时用房。

2）临时消防救援场地的设置要求：①临时消防救援场地应在建工程装饰装修阶段设置；②临时消防救援场地应设置在成组布置的临时用房场地的长边一侧及在建工程的长边一侧；③场地宽度应满足消防车正常操作要求且不应小于 6m，与在建工程外脚手架的净距不宜小于 2m，且不宜超过 6m。

# 工作任务四　机械伤害事故

**案例：**一日，某县燃料公司蜂窝煤生产车间，王某和曾某操作搅拌机，另有3人负责捡蜂窝煤。约8时30分，曾某有事离开，由王某单独操作。8时50分，王某见搅拌机不能正常将煤料送上运输皮带，便站在搅拌机有旋转齿轮的一侧，用铁锹将机内煤料铲到出口处。在铲料过程中，搅拌机一对离地约80cm、直径约15cm、相向啮合的齿轮将王某的衣袖夹住，王某拼命想把衣袖拉出，因自身力量太小不能成功。而离他仅7m远的3个捡煤工人，竟无一人看见。事故导致王某右肘以下粉碎。据调查，该公司搅拌机投入运行10多年来，其齿轮一直没有安装防护罩。在运行过程中，多次将上机操作的工人衣服夹住，但因其转速较慢且工人采取的措施得当，一般只将衣服夹烂，未出现伤人事故，未引起企业的重视。事故发生后，公司领导立即派人安装了防护罩。但对于右臂仅存10cm的王某来说，一条手臂换了一个安全防护罩，代价太大了。在机械传动装置中的各零件所造成的伤害事故中，齿轮所造成的伤害占很大比例。在齿轮传动中，齿轮啮合处以及各轮辐间的空隙是最大危险点，工人的手或身体其他部位极易被卷入而造成伤害事故。本案例中，工人王某的衣袖就是被齿轮啮合处咬住，导致右肘以下粉碎。

## 【工作任务】

1. 分析本案例事故的原因。

2. 针对建筑工程施工中典型的机械伤害事故，如钢筋加工机械、木工加工机械等（也可选其他类型机械），制定相应的安全防护措施。

## 【工作目标】

1. 培养专职安全管理人员分析问题解决问题的能力。

2. 培养专职安全管理人员分工合作、团队协作、团结互助的集体意识。

## 【任务分组】

本任务的分组可以参照表4-1。

表4-1　任务分组参照表

| 分组 | 任务分配 | 负责人 | 成员 |
| --- | --- | --- | --- |
| 组1 | 任务1：分析事故的原因 | | |
| | 任务2：制定相应的安全防护措施 | | |

续表

| 分组 | 任务分配 | 负责人 | 成员 |
|---|---|---|---|
| 组 2 | 任务 1：分析事故的原因 | | |
| | 任务 2：制定相应的安全防护措施 | | |
| 组 3 | 任务 1：分析事故的原因 | | |
| | 任务 2：制定相应的安全防护措施 | | |
| …… | …… | …… | …… |

## 【引导问题】

1. 建筑工程施工中常用的机械有哪些类型？具体都有哪些机械？请列举。
2. 机械伤害的形式有哪些？
3. 机械的危险部位有哪些？请列举。
4. 我国建筑施工行业中，事故率高的有哪些机械？

## 【工作计划】

案例背景介绍—布置工作任务—任务分组—安全虚拟体验中心：“VR”虚拟现实体验设备体验“机械伤害”；安全实体体验中心：机械伤害体验设备体验、挤压伤害体验—查阅相关触电事故的资料、讨论问题、总结汇总、完成填写实训报告手册—每组负责人汇报本组成果—小组互评—教师评价

## 【进度决策】

本工作任务计划共 8 学时，进度可参照表 4－2 进行。

**表 4－2　　进度决策表**

| 进度 | 学时 |
|---|---|
| 任务一案例背景介绍 | 1 |
| 布置工作任务、任务分组 | |
| 安全虚拟体验中心：“VR”虚拟现实体验设备体验“机械伤害” | 1 |
| 安全实体体验中心：机械伤害体验、挤压伤害体验 | 2 |
| 查阅资料、讨论问题、总结汇总、完成实训报告手册 | 2 |
| 小组负责人汇报本组成果 | 1 |
| 小组互评 | 1 |
| 教师评价 | |
| 共计 | 8 |

## 【工作实施】

### 一、机械伤害体验

#### （一）体验内容

通过制作切机械割作业软硬件，实物体验机械切割的正确持夹方法、防护手套的正确

使用等。通过相关视频动画，认识机械伤害的严重性。

**（二）准备环节**

本体验环节开始前推荐阅读以下参考资料：①《机械安全 危险能量控制方法 上锁/挂牌》（GB/T 33579—2017）；②《机械安全 机械安全标准的理解和使用指南》（GB/T 20850—2014）；③《机械安全设计通则风险评估与风险减小》（GB/T 15706—2012）。

**（三）学习内容**

1. 认识机械伤害

机械伤害是机械设备操作过程中常见的事故之一。机械伤害，指机械设备与工具引起的绞、碾、碰、割、戳、切等伤害，即刀具飞出伤人、手或身体其他部位卷入、手或其他部位被刀具碰伤、被设备的转动机构缠住等造成的伤害。已列入其他事故类别的机械设备造成的机械伤害除外，如车辆、起重设备、锅炉和压力容器等设备造成的伤害。

运动机械都可造成伤害，齿轮、皮带轮、卡盘、联轴节等都是做旋转运动的。旋转运动造成人员伤害的主要形式是卷带、绞碾、挤压和物体打击。操作人员的手套、衣服、领带以及长辫长发，若与旋转部件接触，则易被卷进或带入机器。

机械设备零部件作直线运动亦可造成人的伤害。企业中用于金属成型的冲床、剪板机、刨床等都是作直线运动的。它们造成的伤害事故主要有撞击、刺割、砸压等。

2. 造成机械伤害事故的原因分析

从安全系统工程学的角度来看，造成机械伤害的原因可以从人、机、环境三个方面进行分析。人、机、环境三个方面中的任何一个出现缺陷，都有可能引起机械伤害事故的发生。

（1）人的不安全行为。

1）误触开关或违章开机。操作者操作时注意力不集中或思想过紧张而发生误操作或误动作，或操作者业务技术素质低、操作不熟练、缺乏正规的专业培训以及监督检查不够。

2）违章作业，操作者不按规程进行操作。违章作业一般都是因作业人员缺乏安全知识，心存侥幸造成的，认为一次违章不一定会造成事故。检修、检查机械时，忽视安全措施。在线检修时，未采取必要的预防措施，如未断电作业、电源处未悬挂警示牌等。不小心进入机械危险部位或是未与操作人员联系，盲目接触机械危险部位。

3）安全生产意识淡薄，安全管理机制不健全。

（2）物的不安全因素。

1）设计不当致机械不符合安全要求，如机械故障、防护及安全装置失灵等。

2）安全防护设施不健全或形同虚设。主要有以下几种情况：一是无安全防护设施；二是机械设备安全防护设施损坏；三是解除了机械设备安全防护设施；四是作业人员未按要求使用安全防护设施。

（3）环境的不安全因素。噪声干扰、照明光线不良、无通风、温湿度不当、场地狭窄、布局不合理等。

3. 预防机械伤害事故的措施

机械危害风险的大小不仅取决于机器的类型、用途、使用方法和人员的知识、技能、工作态度等因素，还与人们对危险的了解程度和所采取的避免危险的措施有关。

预防机械伤害的措施主要包括两个方面：①提高操作者或人员的安全素质，进行安全培训，提高辨别危险和避免伤害的能力，增强避免伤害的自觉性，对危险部位进行警示和标志；②消除产生危险的原因，减少或消除接触机器的危险部位的次数，采取安全防护装置避免接近危险部位，注意个人防护，实现安全机械的本质安全。

4. 预防机械伤害事故的对策

（1）加强操作人员的安全管理：①建立健全安全操作规程和规章制度；②抓好三级安全教育和业务技术培训、考核，提高安全意识和安全防护技能，做到“四懂”“三会”（懂原理、懂构造、懂性能、懂工艺流程；会操作、会保养、会排除故障）；③正确穿戴个人防护用品；④按规定进行安全检查或巡回检查；⑤严格遵守劳动纪律，杜绝违章操作或习惯性违章。

（2）注重机械设备的基本安全要求。

1）机械设备的安全性的实现设计环节是关键，要严格执行相关设计标准，把住设计关。在设计过程中，对操作者容易触及的可转动零部件应尽可能封闭，对不能封闭的零部件必须配置必要的安全防护装置；对运行中的生产设备或零部件超过极限位置的情况，应配置可靠的限位、限速装置和防坠落、防逆转装置；对电气线路要有防触电、防火警装置；对工艺过程中会产生粉尘和有害气体或有害蒸汽的设备，应采用自动加料、自动卸料装置，并要有吸入、净化和排放装置；对有害物质的密闭系统，应避免跑、冒、滴、漏，必要时应配置检测报警装置；对生产剧毒物质的设备，应有渗漏应急救援措施等。

2）机械设备的布局要合理。按有关规定，机械设备同距；设备与墙、柱间距；操作空间等要符合要求。

3）提高机械设备零、部件的安全可靠性。

4）加强危险部位的安全防护。从根本上讲，对于机械伤害的防护，首先应在设计和安装时充分予以考虑，包括安全要求、材料要求、安装要求。其次才是在使用时加以注意。如带传动通常是靠紧张的带与带轮间的摩擦力来传递运动的。它既具有一般传动装置的共性，又具有容易断带的个性，因此对此类装置的防护应采用防护罩或防护栅栏将其隔离，除对2m以内高度的带传动必须采用外，对带轮中心距3m以上或带宽在15cm以上或带速在9m/s以上的，即使是2m以上高度的带传动也应该加以防护。对链传动，可根据其传动特点采用完全封闭的链条防护罩，既可防尘，减少磨损，保持良好润滑，又可很好地防止伤害事故发生。

国务院在1956年发布的《工厂安全卫生规程》第32条规定：“传动带、明齿轮、砂轮、电锯、接近于地面的联轴节、转轴、皮带轮和飞轮等危险部分都要安装防护装置。”因此，在设计传动装置的安全防护罩时，应坚持“实用、坚固、耐久、美观”这一原则。若设计出一种自动防护装置能把人体的任何部位从危险区中推出或拉出为最理想。

对各种机械的传动带、明齿轮、接近地面的联轴节、皮带轮、飞轮等易伤人体的部位都必须有完好的防护设施。投入运行的机械设备，必须按规定进行维护保养，不合格的机械设备应坚决抵制使用。自制设备必须具有科学依据，符合安全要求，应经专业部门鉴定合格才允许投入运行。为了避免出现人身事故，应有可迅速停车的装置。操作人员要按有关要求穿戴防护用品。

皮带轮：安装皮带轮要注意松紧程度，装得太紧，致使皮带拉断，装得太松会影响机器正常转动。对于皮带传动的防护有两种方法：一是用防护罩将皮带安全遮盖，二是使用栅档防护，使皮带在转动中避免人体与皮带轮的危险部位接触。

齿轮：在齿轮传动中最危险处是齿轮啮合部位，以及齿轮的轮辐间的空隙处，为了避免齿轮传动所发生的危险必须装有防护罩，并要将齿轮全部遮盖封闭对齿轮传动、摩擦轮传动的防护都应根据其特点分别在啮合区域安装防护装置，有可能的应将齿轮装入全封闭的机座内。而摩擦轮表面光滑，因此可不用整体式防护，而仅局部防护其接触部位即可。

链传动：链传动的危险部位是在链条进入链轮之处，在距离地面 2m 以内并露在机座以外的链条传动系统，均应装设防护罩。

轴：所有凸出于轴面或是不平滑的附体，如键、固定螺钉等，露头固定螺钉尤其有害，在生产中，有可能将人的衣服卷住，而发生伤害，因此必须安装防护轴套。对于转动轴在离开地面高度 2m 以内，除置于机器内部者外，其余露出部分必须全部加以遮盖、防护。

联轴器：转动轴的联轴器所发生的危险基本与轴相类似，但其严重程度比轴更大，因表面光洁度比轴差。安全的联轴器必须无凸出的不平整部分，螺栓头及螺母均应埋头在联轴器内，或者设计时将联轴器外径边缘大于螺栓紧固尺寸。总之联轴器在转动中，有可能发生危险的部位，都必须有挡板罩盖等防护措施。

机械设备传动系统，归纳起来就是一个“轮”，一根“轴”，轮和轴的安全装置必须要符合标准，达到安全可靠的目的。对齿轮传动、摩擦轮传动的防护都应根据其特点分别在啮合区域安装防护装置，有可能的应将齿轮装入全封闭的机座内。而摩擦轮表面光滑，因此可不用整体式防护，而仅局部防护其接触部位即可。

检修、检查机械设备时，必须落实各项安全措施。施工现场必须设专人监护，并要坚守岗位，认真负责。被检修的机械必须切断电源，并落实安全控制电源措施，防止因定时电源开关作用或临时停电等因素而误判造成事故。检修时要严格执行挂牌上锁程序。

各种电源开关要布置合理并应有明确标志，防止误启动设备发生伤人事故。对人孔、投料口、绞笼井等部位应设置警示牌、护栏及盖板等，防止操作人员发生误动作。

（3）重视作业环境的改善。要重视作业环境的改善。布局要合理；照明要适宜；温、湿度要适中；噪声和震动要小；具有良好的通风设施。

另外，还须提高机械操作人员的技能和增强作业人员的安全意识，必须经过严格的专门业务培训，考试合格后方可上岗。同时，要使机械操作人员在作业前做到注意力集中、情绪稳定，严格遵守相关规定。

5. 挂牌上锁制度

挂牌上锁制度指在设备调整和维修时，为保护作业者人身安全，防止机器突然启动而采取的一种安全措施，即将启动装置锁住，挂上警示牌以防止意外发生。挂牌上锁制度具体规定有：①需要修理或调整时，应通知维修部门；②在设备进行修理或调整时，将其锁定并贴上标签或挂“有人操作，禁止启动”的标志牌；③修理或调整设备的人员应在控制系统上加上自己的锁；④确保设备停止工作后方可进行维修；⑤严格执行上锁、挂牌程序；⑥维修结束后，恢复所有的安全防护装置。

**（四）应知应会**

（1）了解机械伤害的分类。

（2）了解机械运转、检修安全管理的要点。

（3）了解挂牌上锁的程序和要求。

**（五）危险源识别**

本体验环节主要侧重于机械设备可能对人体的伤害，在工程项目中，涉及很多不同类型的机械设备，需要了解各设备存在的风险，典型的工程项目机械设备危险源参考见表4－3。

**表4－3　机械伤害危险源辨识**

| 设备或活动 | 危险源 | 可能的后果 |
|---|---|---|
| 钢筋调直机 | 操作人员对操作规程理解与熟悉不够 | 产生意外伤害 |
| | 传动机构无防护罩或防护罩破损 | 容易造成机械伤害 |
| | 机座安装不牢固 | 机体倒塌 |
| | 传动齿轮断齿、缺齿、裂纹 | 机械和噪声伤害 |
| | 电机超温运载 | 超温运转引起火灾 |
| | 机械振动、噪声 | 噪声伤害 |
| 钢筋切断机 | 操作人员对操作规程理解与熟悉不够 | 产生意外伤害 |
| | 刀具安装松动 | 机械伤害 |
| | 传动机构无防护罩或防护罩破损 | 容易造成机械伤害 |
| | 离合器不灵敏 | 机械伤害 |
| | 机械振动、噪声 | 噪声伤害 |
| | 电机运转超温 | 超温运转引起火灾 |
| 钢筋弯曲机 | 操作人员对操作规程理解与熟悉不够 | 产生意外伤害 |
| | 机械振动、噪声 | 噪声伤害 |
| | 电机运转超温 | 超温运转易触电和引起火灾 |
| 混凝土搅拌机 | 操作人员对操作规程理解与熟悉不够 | 产生意外伤害 |
| | 机座安装不牢固 | 机体倒塌 |
| | 传动机构无防护罩或防护罩破损 | 容易造成机械伤害 |
| | 离合器、制动器不灵敏 | 容易造成机械伤害 |
| | 机械振动、噪声 | 噪声伤害 |
| | 电机运转超温 | 超温运转引起火灾 |
| | 张挂钢丝绳不符合要求 | 容易造成机械伤害 |
| 砂浆搅拌机 | 操作人员对操作规程理解与熟悉不够 | 产生意外伤害 |
| | 机座安装不牢固 | 机体倒塌 |
| | 传动机构无防护罩或防护罩破损 | 容易造成机械伤害 |
| | 离合器、制动器不灵敏 | 容易造成机械伤害 |
| | 电机运转超温 | 超温运转易触电和引起火灾 |

续表

| 设备或活动 | 危险源 | 可能的后果 |
|---|---|---|
| 混凝土输送泵 | 操作人员对操作规程理解与熟悉不够 | 产生意外伤害 |
| | 输送泵管绑在脚手架或排架 | 影响脚手架、排架的稳定性，产生坍塌 |
| | 输送泵管漏浆或喷浆 | 造成意外伤害 |
| | 机座安装不牢固 | 整体滑移，输送泵管断裂 |
| | 液压泵运转不正常、油管堵塞 | 油管破裂，造成人体伤害 |
| | 机械振动、噪声 | 噪声伤害 |
| | 电机运转超温 | 超温运转易触电和引起火灾 |
| | 支腿不变形或基础不牢靠 | 机体倒塌 |
| 机动翻斗车 | 操作人员未持证上岗 | 无证人员上岗产生意外伤害 |
| | 液压部分运转不正常 | 容易造成机械伤害 |
| | 发动机启动、加速、制动性能不好 | 产生交通事故 |
| | 夜间施工照明不足 | 产生交通事故 |
| | 翻斗变形、破损、锈蚀、动作灵敏 | 机械伤害 |
| | 司机违章操作 | 产生交通事故 |
| 交流电焊机 | 操作人员对操作规程理解与熟悉不够 | 产生意外伤害 |
| | 接线柱表面粗糙、不平整 | 容易产生火花、失火 |
| | 使用时无二次空载降压保护器 | 触电无保护 |
| | 焊把线接头过多或破损严重 | 产生触电 |
| | 操作人员未使用面罩、绝缘手套 | 伤害工人眼睛、容易产生触电 |
| | 无防雨盖板 | 产生漏电触电 |
| | 焊机接地不符合要求 | 产生触电 |
| 直流电焊机 | 操作人员对操作规程理解与熟悉不够 | 产生意外伤害 |
| | 接线柱表面粗糙、不平整 | 容易产生火花、失火 |
| | 变阻器超温 | 产生漏电、触电、火灾 |
| | 未使用漏电保护器 | 触电无保护 |
| | 操作人员未使用面罩、绝缘手套 | 伤害工人眼睛、容易产生触电 |
| | 接地电阻不符合要求 | 产生漏电、触电 |
| | 无防雨盖板 | 产生漏电触电 |
| 套丝机 | 操作人员对操作规程理解与熟悉不够 | 产生意外伤害 |
| | 卡盘不能卡紧 | 机械伤害 |
| 钢筋对焊机 | 操作人员对操作规程理解与熟悉不够 | 产生意外伤害 |
| | 接线柱表面粗糙、不平整 | 容易产生火花、失火 |
| | 水路不畅通或水量不足、接头有漏水 | 烫伤工人、接头漏水易漏电、触电 |
| | 焊机接地不符合要求 | 产生漏电、触电 |
| | 焊机露天无放雨棚 | 产生漏电触电 |
| | 无合理的防护 | 火花四溅容易伤害人体，产生火灾 |

续表

| 设备或活动 | 危 险 源 | 可 能 的 后 果 |
|---|---|---|
| 咬口机 | 操作人员对操作规程理解与熟悉不够 | 产生意外伤害 |
| | 无安全保护罩、或安全保护罩破损 | 机械伤害 |
| 木工平刨机 | 操作人员对操作规程理解与熟悉不够 | 产生意外伤害 |
| | 无安全护手装置 | 机械伤害 |
| | 传动装置无防护装置 | 机械伤害 |
| 木工圆盘锯 | 操作人员对操作规程理解与熟悉不够 | 产生意外伤害 |
| | 未使用分料器 | 长料卡破锯盘，锯片飞出，造成机械伤害 |
| | 锯盘有裂缝 | 机械伤害 |
| | 无防护罩或防护罩不起作用 | 机械伤害 |
| 柴油发电机 | 操作人员对操作规程理解与熟悉不够 | 产生意外伤害 |
| | 无防护罩或防护罩不起作用、或不齐全 | 机械伤害 |
| | 电器系统不绝缘、接地保护不符合要求 | 产生漏电、触电 |
| | 柴油机安装不牢固 | 机体倒塌 |
| | 机械振动、噪声 | 噪声伤害 |
| 手持电动工具 | 操作人员对操作规程理解与熟悉不够 | 产生意外伤害 |
| | Ⅰ类手持电动工具无保护接零 | 触电 |
| | 使用电动工具不按规定穿戴绝缘用品 | 触电 |
| | 未使用末端箱 | 产生漏电、触电 |
| | 工人操作未使用安全防护 | 产生身体伤害、触电 |
| 潜水泵 | 无漏电开关或漏电开关动作电流大于15ma | 产生漏电、触电 |
| | 工人操作距离大于安全距离 | 触电 |
| 挖掘机 | 操作人员未持证上岗 | 无证人员上岗产生意外伤害 |
| | 夜间施工照明不足 | 产生交通事故或意外机械伤害 |
| | 司机违章操作 | 产生交通事故 |
| 推土机 | 司机违章操作 | 产生交通事故 |
| | 离合器分离不彻底、结合不平稳 | 产生交通事故 |
| | 夜间施工照明不足 | 产生交通事故 |
| | 操作人员未持证上岗 | 无证人员上岗产生意外伤害 |
| | 发动机启动、加速、制动性能不好 | 产生交通事故 |
| 布料机 | 安装基础不结实、架体不稳定 | 产生倒塌 |
| | 出料口对着人 | 混凝土喷出伤害人体 |
| | 布料机下方站人 | 产生意外伤害 |

## 二、挤压伤害体验

### （一）体验内容

展示挤压伤害体验模型，通过真人体验挤压伤害感受，体验不同力度下的挤压伤害。

利用模型展示挤压伤害的实物展示，学习高速卷入夹挤伤害体验、高速卷入机械动力体验、高速卷入的风险分析及预控措施、本质性安全预防等。

**（二）准备环节**

本体验环节开始前推阅读以下参考资料：①《机械安全 防止人体部位挤压的最小间距》（GB/T 12265—2021）；②《机械安全 危险能量控制方法 上锁/挂牌》（GB/T 33579—2017）；③《机械安全 机械安全标准的理解和使用指南》（GB/T 20850—2014）；④《机械安全设计通则风险评估与风险减小》（GB/T 15706—2012）。

**（三）体验式教学内容**

本环节是展示机械伤害的一个重要组成部分——“挤压伤害”，体验过程参照机械伤害的部分内容。

**（四）应知应会**

（1）认识挤压伤害的危害。

（2）了解挤压伤害的预防。

（3）加深对机械安全重要性的理解。

**（五）危险源识别**

机械伤害的危险源识别参见“一、机械伤害体验”中表 4 - 3 的内容。

**【评价反馈】**

1. 完成工作任务过程中你遇到哪些困难？怎样解决的？

2. 针对本工作任务，你觉得有哪些需要改进？有哪些好的建议？

**【相关知识点】**

## 一、机械的概念

机械是若干零部件连接而成的组合体，其中至少有一个零件是运动的，并且具有制动、控制和动力系统等。这种组合体为一定应用目的服务，如物料加工、搬运或包装以及质量检测等。

## 二、机械的组成

机械一般由原动机、执行机构、传动机构、控制系统、支撑装置五个部分组成。

原动机提供机械工作运动的动力源。常用的原动机有电动机、内燃机、人力或畜力（常用于轻小设备或工具，作为特殊场合的辅助动力）和其他形式等。

执行机构也称为工作机构，是实现机械应用功能的主要机构。通过刀具或其他器具与物料的相对运动或直接作用，改变物料的形状、尺寸、状态或位置。

传动机构用来将原动机与执行机构联系起来，传递运动和力（力矩），或改变运动形式。常见的传动机构有齿轮传动、带传动、链传动、曲柄连杆机构等。

控制系统是人机接口部位，可操纵机械的启动、制动、换向、调速等运动、或控制机械的压力、温度或其他工作状态，包括各种操纵器和显示器。

支撑装置用来连接、支撑机械的各个组成部分，承受工作外载荷和整个机械的质量，是机械的基础部分，有固定式和移动式两类。固定式支撑装置与地基相连（例如机床的基座、床身、导轨、立柱等）。移动式支撑装置可带动整个机械运动（例如可移动机械的金属结构、机架等）。

## 三、机械的分类

（1）按机械设备的使用功能分类。从行业部门管理角度，机械设备通常按特定的功能用途分为十大类：①动力机械；②金属切削机床；③金属成型机械；④起重运输机械；⑤交通运输机械；⑥工程机械；⑦农业机械，用于农、林、牧、副、渔业各种生产中的机械；⑧通用机械，广泛用于生产各个部门甚至生活设施中的机械；⑨轻工机械；⑩专用设备，各行业生产中专用的机械设备。

（2）按能量转换方式不同分类：①产生机械能的机械，如蒸汽机、内燃机、电动机等；②转换机械能为其他能量的机械，如发电机、泵、风机、空压机等；③使用机械能的机械，是应用数量最大的一类机械，如起重机、工程机械等。

（3）按设备规模和尺寸大小分类，可分为中小型、大型、特重型三类机械设备。

（4）从机械使用安全卫生的角度，可以将机械设备分为三类：①一般机械，事故发生概率很小，危险性不大的机械设备；②危险机械，危险性较大的、人工上下料的机械设备，如木工机械、冲压剪切机械、塑料（橡胶）射出或压缩成型机械等；③特种设备，涉及生命安全、危险性较大的设备设施，包括承压类设备（锅炉、压力容器和压力管道）、机电类设备（电梯、起重机械、客运索道和大型游乐设施）和厂内运输车辆。

## 四、机械伤害的基本类型

机械伤害的基本类型大致如下：卷绕和绞缠、挤压、剪切和冲击、引入或卷入、飞出物打击、物体坠落打击、切割和擦伤、碰撞和剐蹭、跌倒、坠落。

# 工作任务五　PPE个人防护用品

**案例一：**某住宅项目的施工单位的电工贾某，身穿汗背心、长裤（脚管翘起），赤脚穿着塑料拖鞋，在临时通电的低压配电室内，俯卧在3号配电屏上拧屏内中性线导电排的螺丝时，右臂不慎碰到开关出线带电导电排，造成触电，贾某经抢救无效死亡。

**案例二：**2020年11月某日上午，在温州市某住宅小区建设工地内，一名工人正在进行破桩作业时，被倾倒的桩头砸到头部，因其未正确佩戴安全帽，当场倒地昏迷不醒，附近工友发现立刻拨打120急救电话，后伤者送往附近医院，后经抢救无效死亡，本次事故共造成1人死亡。本次事故人身伤亡支出、善后处理等费用合计约190万元。

## 【工作任务】

1. 分析案例中事故原因。
2. 针对此类事故，加强本单位个人劳动防护用品的管理提出建议。

## 【工作目标】

1. 培养专职安全管理人员分析问题解决问题的能力。
2. 提高用人单位个人防护用品管理和有效使用的能力。

## 【任务分组】

本任务的分组可以参照表5-1。

**表5-1**　　**任务分组参照表**

| 分组 | 任务分配 | 负责人 | 成员 |
|---|---|---|---|
| 组1 | 任务1：分析事故的原因 | | |
| | 任务2：提出建议 | | |
| 组2 | 任务1：分析事故的原因 | | |
| | 任务2：提出建议 | | |
| 组3 | 任务1：分析事故的原因 | | |
| | 任务2：提出建议 | | |
| …… | …… | …… | …… |

## 【引导问题】

1. PPE个人防护用品在建筑施工中的重要作用。
2. 你见过哪些PPE？作用是什么？
3. 有些作业人员觉得穿戴PPE麻烦，碍事，拒绝穿戴或应付监管敷衍了事，对于这些行为，你会怎样处理？

## 【工作计划】

任务五案例背景介绍—布置工作任务—任务分组—安全实体体验中心：PPE 劳动防护用品展示、智能劳保用品体验—查阅相关事故的资料、讨论问题、总结汇总、完成填写实训报告手册—每组负责人汇报本组成果—小组互评—教师评价

## 【进度决策】

本工作任务计划共 8 学时，进度可参照表 5－2 进行。

表 5－2　　进度决策表

| 进　度 | 学　时 |
|---|---|
| 任务五案例背景介绍 | 1 |
| 布置工作任务、任务分组 | |
| 安全实体体验中心 | 2 |
| 查阅资料、讨论问题、总结汇总、完成实训报告手册 | 2 |
| 小组负责人汇报本组成果 | 1 |
| 小组互评 | 1 |
| 教师评价 | 1 |
| 共计 | 8 |

## 【工作实施】

### 一、PPE 劳动防护用品展示

#### （一）体验内容

认识基本的劳动防护用品，通过实物展示和配套图文介绍，认识和了解常用的劳动防护用品。

#### （二）准备环节

本体验环节开始前推荐阅读以下参考资料：①《用人单位劳动防护用品管理规范》；②《个体防护装备选用规范 》(GB/T 11651—2008)。

#### （三）体验式教学内容

1. 认识劳动防护用品

劳动防护用品是为了保护工人在生产过程中的安全和健康而发给劳动者个人使用的防护用品。用于防护有灼伤、烫伤或者容易发生机械外伤等危险的操作，在强烈辐射热或者低温条件下的操作，散放毒性、刺激性、感染性物质或者大量粉尘的操作以及经常使衣服腐蚀、潮湿或者特别肮脏的操作等。

根据具体操作过程中的不同需要，应供给工人的防护用品主要有：工作服、工作帽、围裙、口罩、手套护腿、防毒面具、防护眼镜、防护药膏、防寒用品、防晒防雨的用品等。防护用品的保管和发放由工厂加以规定。

2. 劳动防护用品的主要分类方式

劳动防护用品按照防护部位可分为九类。

(1) 头部护具。是用于保护头部，防撞击、挤压伤害、防物料喷溅、防粉尘等的护具。主要有玻璃钢、塑料、橡胶、玻璃、胶纸、防寒和竹藤安全帽以及防尘帽、防冲击面罩等。

(2) 呼吸护具。是预防尘肺和职业病的重要护品。

(3) 眼防护具。用以保护作业人员的眼睛、面部，防止外来伤害。分为焊接用眼防护具、炉窑用眼护具、防冲击眼护具、微波防护具、激光防护镜以及防X射线、防化学、防尘等眼护具。

(4) 听力护具。长期在90dB (A) 以上或短时在115dB (A) 以上环境中工作时应使用听力护具。听力护具有耳塞、耳罩和帽盔三类。

(5) 防护鞋。防止足部伤害，有防滑鞋、防滑鞋套、防静电安全鞋、钢头防砸鞋等。

(6) 防护手套。用于手部保护，主要有耐酸碱手套、电工绝缘手套、电焊手套、防X射线手套、石棉手套、丁腈手套等。

(7) 防护服。用于保护职工免受劳动环境中的物理、化学因素的伤害。防护服分为特殊防护服和一般作业服两类。

(8) 防坠落护具。用于防止坠落事故发生。主要有安全带、安全绳和安全网。

(9) 护肤用品。用于外露皮肤的保护。分为护肤膏和洗涤剂。

在各产业中，劳动防护用品都是必须配备的。根据实际使用情况，应按时间更换。在发放中，应按照工种不同进行分别发放，并保存台账。

3. 劳动防护用品其他分类方式

(1) 传递给人体的能量造成急性伤害的防护方式：①势能转变为动能时，通过介质来吸收和缓冲的防护方式，如安全帽、安全带等；②电能的绝缘防护，如绝缘手套；③利用试剂将急性有害的化学能变为无害的防护方式，如急性有害气体的防毒面具。强溶剂防护有丁腈手套等；④给操作人员输送新鲜空气的防护方式，如各种防毒面具；⑤飞来物体和落体的防护，如安全帽、防护镜等。

(2) 传递给人体的能量造成慢性伤害的防护方式：①消除化学能的防护，如防护全身的防护服；②吸收、减低噪声能量，如耳塞；③辐射热能的屏蔽，如高温防护服；④放射线的屏蔽，如防紫外线的遮光镜。

(3) 按人体生理部位分类：①头部防护，如塑料安全帽、V型安全帽、竹编安全帽、矿工安全帽；②面部防护，如头戴式电焊面罩、防酸有机面罩类面罩、防高温面罩；③眼睛防护，如防尘眼镜、防酸眼镜、防飞溅眼镜、防紫外线眼镜呼吸道；④口部防护，如防毒口罩、防毒面具、防尘口罩、氧（空）气呼吸器；⑤听力防护，如防噪声耳塞、护耳罩、噪声阻抗器；⑥手部防护，如绝缘手套、耐酸碱手套、耐油手套、医用手套、皮手套、浸塑手套、帆布手套、棉纱手套、防静电手套、耐高温手套、防割手套、丁腈手套；⑦脚部防护，如工矿靴、绝缘靴、耐酸碱靴、安全皮鞋、防砸皮鞋、耐油鞋；⑧身躯防护，如耐酸围裙、防尘围裙、工作服、雨衣、太阳伴伞；⑨高空安全防护，如高空悬挂安全带、电工安全带、安全绳、踩板、密目网。

（4）按防护用途分类：防尘用品，防毒用品，防酸碱制品，耐油制品，绝缘用品，耐高温辐射用品，防噪声用品，防冲击用品，防放射性用品，防水用品，涉水作业用品，高处作业用品，防微波和激光辐射用品，防机械外伤和脏污用品，防寒用品，农业作业用品等。

4. 建设项目常用劳动防护用品

（1）安全帽类。头部防护产品主要有：矿工用安全帽、ABS W 型安全帽、透气性安全帽、ABS V 型透气安全帽、V 型安全帽等。

（2）呼吸护具。是预防尘肺和职业病的重要护品，防御缺氧空气和尘毒等有害物质吸入呼吸道的防护具。按用途分为防尘、防毒、供氧三类，按作用原理分为过滤式、隔绝式两类。

呼吸护具的类别有：净气式呼吸护具、自吸过滤式防尘口罩、简易防尘口罩、复式防尘口罩、过滤式防毒面具、导管式防毒面具、直接式防毒面具、电动送风呼吸护具、过滤式自救器、隔绝式呼吸护具、供气式呼吸护具、携气式呼吸护、氧气呼吸器、空气呼吸器、生氧面具、隔绝式自救器、密合型半面罩、密合型全面罩、滤尘器件、生氧罐、滤毒罐等。

（3）眼防护具。用以保护作业人员的眼睛、面部，防止外来伤害。分为焊接用眼防护具、炉窑用眼护具、防冲击眼护具、微波防护具、激光防护镜以及防 X 射线、防化学、防尘等眼护具。眼睑部防护系列产品有：经济性轻质护目镜、聚碳酸酯防雾护目镜、防护眼镜、防护眼镜（强涂层），蓝色镜架、防护眼镜（UV 防护）、防护眼镜（强涂层，UV 防护）、工业标准防护眼镜。

（4）防护鞋。用于保护足部免受伤害。主要产品有防砸、绝缘、防静电、耐酸碱、耐油、防滑鞋、防滑鞋套等。

防护鞋，即保护足趾的安全防护鞋。安全防护鞋和劳保防护鞋都是足部安全防护的，也是同一意思。它的种类有很多，如保护足趾、防刺穿、绝缘、耐酸碱等。

安全防护鞋使用规范：防油防护鞋用于地面积油或溅油的场所；防水防护鞋用于地面积水或溅水的作业场所；防寒防护鞋用于低温作业人员的足部保护，以免受冻伤。防刺穿防护鞋用于足底保护，防止被各种尖硬物件刺伤。防砸防护鞋的主要功能是防坠落物砸伤脚部。防护鞋的前包头有抗冲击材料。炼钢防护鞋主要功能是防烧烫、刺割，应能承受一定静压力和耐一定温度、不易燃。这类防护鞋适用于冶炼、炉前、铸铁等。

（5）防护手套。用于手部保护，主要有耐酸碱手套、电工绝缘手套、电焊手套、防 X 射线手套、石棉手套等。

在各行各业中，无论在地盘、工厂、厨房、化学品储存或处理地方等，人类的双手都是最宝贵和最万能的工具。正因为如此，手部受伤的机会亦相应增多。根据统计，手部于工作时受到伤害的种类和原因很多，其中大部分手部受伤可以分为下列种类：①割伤和刺伤；②磨损；③烫伤/冻伤；④接触化学品；⑤触电；⑥皮肤感染。

选择合适的防护手套为了保护我们的双手，避免在工作时遭受伤害，首先要对所从事的工作进行风险评估，尽量消除可能伤害手部的有害因素，如果不能用根本的方法，例如手工具的改良，机器护罩和工序的改善，来控制危害，那么必须考虑采用合适的防护手套。防护手套为手部所提供的保护功能视乎防护手套的类型，生产方法和材料而不同。选择合适的防护手套前，评估该手套是否可以有效地预防有关危害，是否适合于该工序中使用。

（6）防护服。用于保护职工免受劳动环境中的物理、化学因素的伤害。防护服分为特殊防护服和一般作业服两类。

其作用是保证特种勤务人员在有害人体环境中工作的安全。各国军队特种工作服的范围和种类不尽相同。苏军的特种工作服主要包括装甲兵、空勤、地勤、伞勤、海勤人员及其他军事专业人员穿着的普通工作服、专用工作服、伪装服和防护服。中国人民解放军特种工作服只包括空勤、地勤、伞勤、海勤人员及导弹部队人员着用的专用工作服和防护服。人民解放军于 20 世纪 50 年代为空勤人员配发了飞行服、飞行帽和飞行皮靴等；为空降兵配发了跳伞服装；为海军舰艇部队配发了防寒服。20 世纪 60 年代，为空勤人员增配了高空代偿服和抗荷服；给担负导弹试验、发射、储存任务的部队装备了相应的防护服。20 世纪 70 年代初，装备了核潜艇防护服。现已初步形成配套的特种工作服系列。防护服按其功能，可分为特殊环境防护服和有害物质防护服两类；按其类别，可分为空勤类防护服、海勤类防护服、地勤类防护服。有的国家还专门制作用于防治各种昆虫对人体侵害的防护服，在海湾战争中多国部队曾穿过一种具有杀虫功能的军服，它能有效防止各类靠吸血为生的昆虫对人体的袭扰。据称，这种军服是采用一种被称作“里贝根”的杀虫剂，以一定的比例配水稀释后进行浸泡处理，蚊虫落在上面时很快就会死去，而对人体无害。

（7）防坠落具。用于防止坠落事故发生。主要有安全带、安全绳和安全网。

劳动者在作业时，常发生坠落事故，其对人体的伤害随坠落距离的高低而异，轻则伤残，断筋折骨，重则死亡。防坠落用品就是预防人体坠落伤亡的防护用品。主要品种有安全带、安全绳、安全网三种。

**（四）应知应会**

（1）掌握个体防护用品的分类。

（2）重点掌握个体防护用品按照防护用品分类。

（3）掌握防护用品不同类别防护原理。

**（五）危险源识别**

本环节主要讲述劳保用品的分类、防护部位、作用原理等内容。危险源的辨识主要通过其防护原理进行分析。以安全帽为例，PPE 个人防护用品的危险源可参考表 5－3。

## 二、智能劳保用品体验

**（一）体验内容**

智能劳保用品体验系统，主要由红外触摸屏、控制主机、智能劳动保护用品体验软件等组成；通过控制触摸屏，展示智能劳动保护用品，同时搭配有相关内容。

**表 5－3　安全帽危险源辨识**

| PPE | 危险源 |
|---|---|
| 安全帽 | 质量问题 |
| | 未按规范正确佩戴 |
| | 违规使用，造成安全帽损坏或使用寿命下降 |
| | 超期使用 |
| | 存放不当 |

**（二）准备环节**

本体验环节开始前推荐阅读以下参考资料：①《个体防护装备选用规范》（GB/T 11651—2008）；②《劳动防护用品分类与代码》（LD/T 75—1995）；③《建筑施工作业劳动防护用品配备及使用标准》（JGJ 184—2009）；④《头部防护 安全帽》（GB 2811—2019）；⑤《坠落防护 安全带》（GB 6095—2021）。

**（三）体验式教学内容**

1. 智能劳动保护用品体前景

劳动防护用品是为了保护工人在生产过程中的安全和健康而发给劳动者个人使用的防护用品。

人工智能，作为近年来兴起的尖端技术，极大地便利我们的生产、生活和防疫，人工智能与新材料新技术，在劳保行业将实现完美的“珠联璧合”，劳保行业在功能智能化科技创新中将收获更加丰厚硕果。

2. 智能劳动保护用品体主要应用方向

（1）防静电功能。比如利用PTFE薄膜复合异形纤维/棉混纺嵌入式制成了防静电面料应用到劳保行业中去，防静电服的防静电、阻燃性能可以更好地把安全、健康、舒适献给勤劳智慧的产业工人。

（2）防菌功能。例如中国自主研发的银纤维材料制作的仿制品面料利用银离子进行一个杀菌、抗菌的功效研发的一款面料。此款面料适合做抗菌服、食品服、抗菌口罩等。同时，该产品还具有防辐射功效，在军工、工业领域也得到广泛的应用，前景十分广阔。

（3）吸湿排汗、防臭、抗油拒水等功能。例如韩国最新研发的纳米材料的GMP食品工作服，具有吸湿排汗、抗菌、抗静电、防臭、耐用、抗油拒水、舒服、易清洗等特点，并且采用永久织入纳米纤维。

（4）阻燃与耐洗性。例如中国消防人员使用的新型阻燃防火手套为无缝双层式，一层由高强度的凯夫拉纤维人工编制而成，能防止割裂、撕破和火焰灼伤；另一层覆上聚四氟乙烯微孔薄膜，该手套在700℃以下不会燃烧；具有五层材质复合的防氚手套，其结构的第1层为防辐射隔离层，由硅橡胶作主体材料加工而成；第2层为气密层，以丁基橡胶（IIR）为主体材料；第3层为增强层，以锦纶编织物为主体材料；第4层为防渗透层，由IIR和防渗透剂组成；第5层为隔离层，由硅橡胶和金属膜复合而成。

（5）高智能材料。如具有人工智能的呼尘改障高聚能材料，能将“小于7$\mu$m的呼吸性粉尘”改性成体量大于10$\mu$m以上不能进入肺部的“障碍性粉尘”，劳动者可以避免罹患尘肺病；抗菌防病毒椰脂膜材料，能有效抑制细菌裂变繁殖、破坏细菌细胞结构、吸附病毒瓦解核酸，可以作为智能型口罩的首选材料。

**（四）应知应会**

（1）掌握个体防护装备选用的原则和要求。

（2）掌握防护性能、有效防护最低指标等防护用品选用的主要指标。

（3）掌握从事建筑施工作业的人员和进入施工现场的其他人员配备的个人防护装备。

（4）了解人工智能和新材料在劳保行业的应用前景和方向。

**（五）危险源识别**

智能劳保用品的危险源辨识可以从能量传递予以分类：

（1）势能（动能）隔离：劳保用品如安全帽、安全带等，若未按规定佩戴，可能引发物体打击、机械伤害、车辆伤害等伤害。

（2）电能（热能、辐射）隔离：劳保用品如绝缘手套、防护服等，可防护触电、灼烫、腐蚀等伤害。

（3）隔绝（通风换气）：排出有害物质，或把有害物质吸收在防护用具中，如口罩、长管呼吸器等，可防止作业人员的呼吸系统受到伤害。

（4）声波（震动）吸收隔离：耳塞等。

**【评价反馈】**

1. 完成此项工作任务中，你遇到哪些困难？怎么解决的？

2. 针对此项工作任务，你有哪些好的建议？

**【相关知识点】**

## 一、劳动防护用品的概念

劳动防护用品是指由生产经营单位为从业人员配备的，使其在劳动过程中免遭或者减轻事故伤害及职业危害的个人防护装备。

## 二、有关劳动防护用品相关法规

《中华人民共和国安全生产法》

第四十二条规定："生产经营单位必须为从业人员提供符合国家标准或者行业标准的劳动防护用品，并监督、教育从业人员按照使用规则佩戴、使用。"

第五十四条规定："从业人员在作业过程中，应当严格遵守本单位的安全生产规章制度和操作规程，服从管理，正确佩戴和使用劳动防护用品。"

第九十六条第四项规定：生产经营单位有下列行为之一的，责令限期改正，可以处五万元以下的罚款；逾期未改正的，处五万元以上二十万元以下的罚款，对其直接负责的主管人员和其他直接责任人员处一万元以上二万元以下的罚款；情节严重的，责令停产停业整顿；构成犯罪的，依照刑法有关规定追究刑事责任："未为从业人员提供符合国家标准或者行业标准的劳动防护用品的"。

## 三、建筑业安全"三宝"

建筑业安全"三宝"是指安全帽、安全带、安全网。安全"三宝"是建筑行业必备的安全配置设施，也是对建筑施工安全的基本要求之一。

# 参 考 文 献


[1] 吕桂军，温国利. 建设工程安全技术与管理 [M]. 郑州：黄河水利出版社，2018.

[2] 高向阳. 建筑施工安全管理与技术 [M]. 2版. 北京：化学工业出版社，2016.

[3] 阚咏梅. 建设工程安全生产管理 [M]. 北京：中国建筑工业出版社，2017.

[4] 全国一级建造师执业资格考试用书编写委员会. 建筑工程管理与实务 [M]. 北京：中国建筑工业出版社，2020.

[5] 住房和城乡建设部工程质量安全监管司. 建设工程安全生产管理 [M]. 北京：中国城市出版社，2014.

[6] 李林. 建筑工程安全技术与管理 [M]. 2版. 北京：机械工业出版社，2016.